は　し　が　き

　外国人技能実習制度は、開発途上国等の青壮年労働者を日本に受け入れ、日本の産業・職業上の技能・技術・知識の移転を通じ、それぞれの国の経済発展を担う「人づくり」に協力することを目的としています。農業分野においても、国際協力・国際貢献に役立ちながら、農業・農村の高齢化、労働力不足などに対応し、わが国農業の発展に資する仕組みとして活用されています。

　こうした中、一般社団法人全国農業会議所が実施する「農業技能実習評価試験」の受検者数は、制度創設以来増加傾向にあります。

　これに伴い、監理団体や技能実習生からの要望に応え、全国農業会議所では、平成26年に本テキストを作製いたしました。その後、平成29年、令和6年に改訂を行い、内容を新しくしています。

　今回の改訂では、畜産の新しい情報・技術・機器などを追加したほか、近年、畜産の伝染病対策が大きく変わってきていることから「農場の衛生管理」の内容を大幅に加筆し、詳しく解説しています。また、技能実習生が安全に作業を行うために「農場の安全管理」の内容も充実しました。

　このテキスト一冊で、初級から上級までの学科試験・実技試験の内容を系統的に学ぶことができます。専門級・上級の受検者は、「専門級・上級」の内容・項目を併せて学習してください。初級の受検者は、この部分を飛ばして結構です。

　本テキストは、技能実習生に知って欲しい知識を今までよりもわかりやすく整理しています。可能な限り簡易な表現を心がけ、写真やイラストを多く使い、目で見て理解ができるよう工夫してあります。本テキストが技能実習生の学習の一助になり活用されることを期待します。

　テキストの改訂にあたっては、長野県畜産試験場の吉田宮雄元場長、栃木県畜産酪農研究センターの脇阪浩元所長、元熊本県畜産研究所の古閑護博氏、全国家畜衛生職員会など多数の方に協力をいただきましたことを深く感謝申し上げます。

JN191201

一般社団法人 全国農業会議所

目次

1 日本農業一般

1 日本の地理・気候

日本は、ユーラシア大陸の東にある島国です。

日本列島は、南北に長いです。

北海道、本州、四国、九州の4つの大きな島とたくさんの小さな島があります。

日本は山が多く、農地が少ないです。

農地の約半分は水田で、残りの半分は畑です。

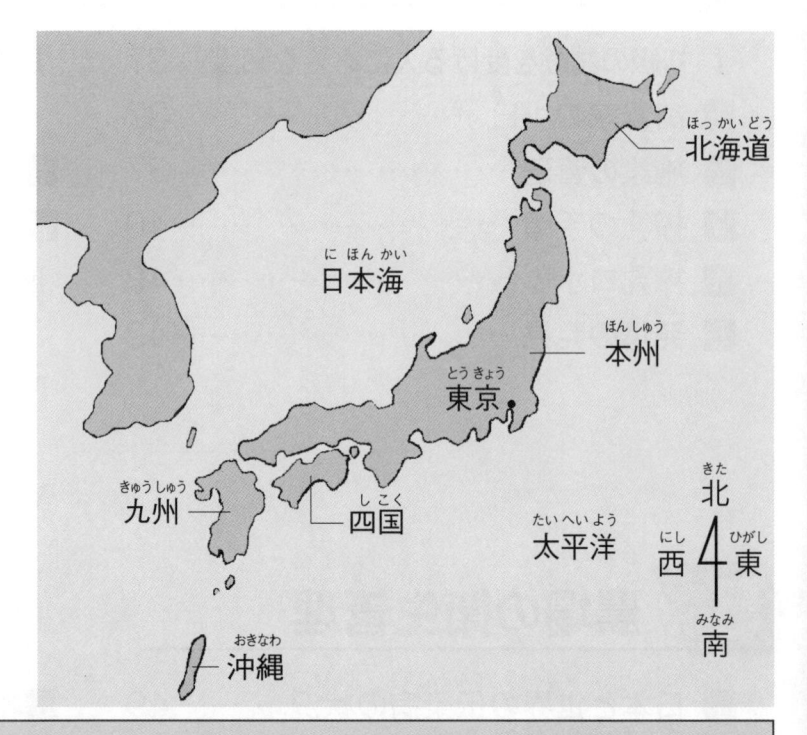

専門級・上級

日本の総面積は約37.8万k㎡です。

北の北海道から南の沖縄県まで、約2,500kmあります。

日本の土地の約73％は山地です。

農地は約432万haで、総面積の約12％です。

日本の食料自給率（カロリーベース）は38％です（2021年度）。

日本は、ほとんどが温帯気候です。

春・夏・秋・冬の4つの季節「四季」があります。

夏の季節風は南東の風で、冬の季節風は北西の風です。

北海道を除き、6月から7月にかけて、長雨が降る「梅雨」の季節があります。

7月から10月にかけて、台風が日本を通ります。

専門級・上級

北海道は亜寒帯気候で、冬の寒さが厳しいです。梅雨はありません。

沖縄は亜熱帯気候で、1年中気温が高いです。

瀬戸内海沿岸地域は雨が少なく、暖かい気候です。

冬には季節風の影響で、日本海側では雪が降りやすく、太平洋側では乾燥した晴れの日が続きます。

❷ 日本の作物栽培・畜産

（1）稲作

稲作とは、イネの栽培のことです。

イネの実からもみ殻をとったものがコメ（米）です。コメは日本人の主食です。

イネは、品種改良、栽培管理（栽培法）の進歩によって、日本全国で栽培されています。

収量の多い品種よりも、味の良い品種の作付けが広がっています。

日本人のコメの消費量は減り続けています。

家畜のエサにする飼料用米、米粉などにする加工用米の栽培も行われています。

日本の稲作は、苗を育て田植えをするのが一般的です。

耕うん、田植え、収穫（稲刈り）、脱穀・調製などの稲作作業は、機械化されています。

専門級・上級

コメの産出額は約1兆4千億円で、農業産出額の約16％です（2021年度）。

代表的なコメの品種はコシヒカリで、作付面積は1979年以降連続第1位です。

コメの1人当たり年間消費量は、118kg（1962年度）をピークに、約50.8kg（2020年度）に減っています。

種もみを田に直接播種する直播栽培は、ごくわずかです。

機械化一貫体系が確立され、年間労働時間は10a当たり約22時間です。

（2）野菜

　野菜は、露地栽培のほか、ハウスなどを利用した施設栽培が盛んです。

　根や地下茎を利用する根菜類、葉や茎を利用する葉茎菜類、果実を利用する果菜類があります。

　日本で産出額の多い野菜は、トマト、イチゴ、キュウリです。

　品種改良や栽培技術の改良で、品質の良い野菜が生産されています。

　また、施設栽培や被覆資材の普及で、同じ種類の野菜が1年を通して生産されています。これを周年栽培といいます。

　野菜は、ミネラル、食物繊維、カロテン、ビタミン類などの栄養が豊富です。

　がん などの病気を予防する野菜の機能性が注目されています。

（3）果樹

　日本の果樹には、冬にも葉が付いている常緑果樹と冬に葉が落ちる落葉果樹があります。

　常緑果樹は、ウンシュウミカンなどのカンキツ類、ビワなどです。

　落葉果樹は、リンゴ、ブドウ、ナシ、モモ、カキなどです。

　日本で産出額が多い果樹は、ウンシュウミカン、リンゴ、ブドウ、ナシ、モモ、カキです。

　リンゴは涼しい地域、ウンシュウミカンは暖かい地域で栽培されています。

■ 専門級・上級
　果樹の産出額は約9,200億円で、農業産出額の約10%です（2021年度）。
　果樹の果実は、ビタミン類、ポリフェノール類、食物繊維、ミネラルが多く含まれており、健康維持や病気予防などの機能性が注目されています。
　果樹では高品質の品種が育成されるとともに、施設栽培やわい化栽培など新しい技術が導入されています。

（4）畜産

日本の家畜は、主に牛、豚、鶏の3つです。

牛には、肉にする肉用牛と乳をしぼる乳用牛があります。

鶏には、採卵鶏（卵用）とブロイラー（肉用）があります。

1戸当たりの飼養規模は、牛、豚、鶏いずれも大幅に増加し、規模拡大が進んでいます。

トウモロコシなどの飼料は、外国からの輸入に頼っています。

■ 専門級・上級
　畜産の産出額は約3兆4千億円で、農業産出額の約39%です（2021年度）。
　牛や豚の経営のタイプは、次の3つです。
　・繁殖経営：子牛・子豚を産ませる
　・肥育経営：子牛・子豚を大きく育てる
　・一貫経営：繁殖から肥育まですべて行う
　日本の飼料自給率は約26%です（2021年度）。
　トウモロコシなど濃厚飼料の自給率は13%、粗飼料の自給率は76%です。

❸ 知的財産権

　新しい品種や栽培方法などの技術や農産物の商標など、農業においても知的財産権が生じます。登録されている品種などは、育成者の許可なく増やすことはできません。また、許可なく、海外に持ち出すこともできません。

　畜産においても同様です。和牛の精液や受精卵など、海外に持ち出すことが禁止されているものもあります。

2 日本の酪農（乳牛）の特徴

1 乳牛

（1）乳牛は出産すると乳を出します。

（2）日本の乳牛は、大部分がホルスタイン種（原産国はドイツ・オランダ）です。

（3）生後6か月頃までを子牛、その後を育成牛といい、初めての出産（初産）以降を成牛といいます。

（4）出産をしたことがある乳牛を経産牛といい、そのうち、初めて出産した牛を初産牛といいます。また、出産経験のない乳牛を未経産牛といいます。

（5）生まれてから初産までの期間を育成期間といいます。

（6）牛の体の部位を測定して発育を確認します。

主な測定部位は、①体高、②胸囲、③体長です。

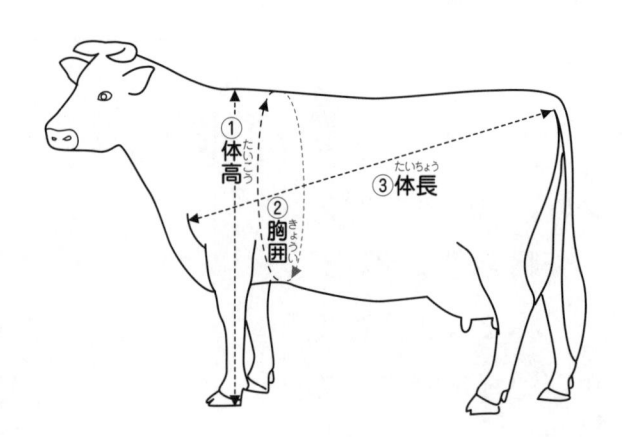

2 酪農経営の形と規模

（1）乳牛などの家畜を飼育し、牛乳を搾ることを搾乳といいます。牛乳や乳製品を生産する農業を酪農といいます。

（2）日本の酪農は家族経営が最も多いです。

（3）近年は、複数の農家が共同で酪農を営む法人経営や、会社経営が増えています。

（4）経産牛を100頭以上飼育し、牛乳の生産量が1年間に1,000 t 以上の酪農経営をメガファームといいます。

❸ 日本の経産牛の乳量

　日本国内で、経産牛１頭当たりの１年間の牛乳生産量の平均値は増加しています。2021年は8,939kg ですが、10年前の2011年の8,034kg に比べて大きく増加しています。

❹ 飼料

（１）乳牛に給与する飼料には、濃厚飼料と粗飼料があります。

（２）濃厚飼料には、穀類・ぬか類などや、これらを混ぜた配合飼料があります。

（３）粗飼料には、日本で生産した牧草やトウモロコシなどのサイレージと、外国（日本国外）からの輸入や日本で生産した乾草があります。

（４）配合飼料の中で、主な穀類は外国からの輸入のトウモロコシです。

（５）乳牛への飼料給与法には、濃厚飼料と粗飼料を別々に給与する分離給与法と、濃厚飼料と粗飼料を混合機（ミキサー）で混ぜ合わせて給与するＴＭＲ（混合飼料）法の２つがあります。

❺ 乳質の検査

（１）牛乳の品質を乳質といいます。乳牛１頭１頭の乳質には、差があります。

（２）酪農家が出荷する牛乳は、乳質の検査が行われています。

（３）乳質の検査は、成分品質と衛生的品質を調べます。成分品質として、乳脂肪率、乳タンパク質率、無脂固形分率があります。衛生的品質として、体細胞数、細菌数があります。

❻ 乳牛の繁殖成績

（１）乳牛の分娩の間隔は365日、１年に１産が望ましいですが、乳量が増えるとともに繁殖の障害も増え、日本の乳牛の分娩間隔は長くなっています。1989年が405日ですが、2015年は433日です。しかし、2021年は429日と、近年は分娩間隔が一定となり落ち着いています。（牛群検定成績より）

（２）乳牛の妊娠期間は280日（9.3か月）です。

7 夏の暑さと乳牛

（1）ホルスタイン種乳牛の快適な温度帯は13〜18℃であり、暑さに弱い家畜です。

（2）湿度が高く、気温が30℃前後の高温になると、乳牛の飼料の摂取量は低下します。これにより、乳量や成分的な品質が低下します。

（3）乳牛は第1胃という発酵タンクを持っているため、体温は人間よりも高く、平常時の体温は38.5℃です。

8 糞尿の処理

（1）家畜から排泄される糞尿は、臭気の問題など、糞尿の処理を正しく行うことが求められています。

（2）日本の法律では、家畜の糞尿を適切に処理・保管することが定められています。野外に糞を堆積（野積み）したり、地面に穴を掘り直接尿を貯めること（素掘り）は、環境汚染の問題の観点から禁止されています。

（3）一般的に、屋根付きの堆肥舎などの施設で、発酵処理を行います。

Ⅱ 専門級・上級の試験を受ける人に必要な知識

1 酪農家の乳牛飼養頭数

　日本の酪農家の戸数は毎年減少していますが、酪農家１戸当たりの飼養頭数は毎年増加しています。

酪農家１戸当たりの経産牛の飼養頭数の変化

2005 年	2010 年	2015 年	2020 年	2023 年
38.1 頭	44.0 頭	49.1 頭	58.3 頭	66.4 頭

2 乳牛のライフサイクル

（1）一般的に、雌牛は、生後14〜 15か月で人工授精（AI）により妊娠します。

（2）雌牛は子牛を分娩した後、約１年間牛乳を搾ります。この期間を搾乳期間といいます。

（3）搾乳期間中、発情したら人工授精を行います。

（4）次の分娩予定の２〜３か月前になったら搾乳をやめ、栄養分が母体や胎子に回るようにします。これを乾乳といいます。また、次の分娩までの期間を乾乳期間といいます。

（5）乳牛はこのサイクルを繰り返します。多いものでは７〜８産する母牛もいますが、平均的には４産程度です。

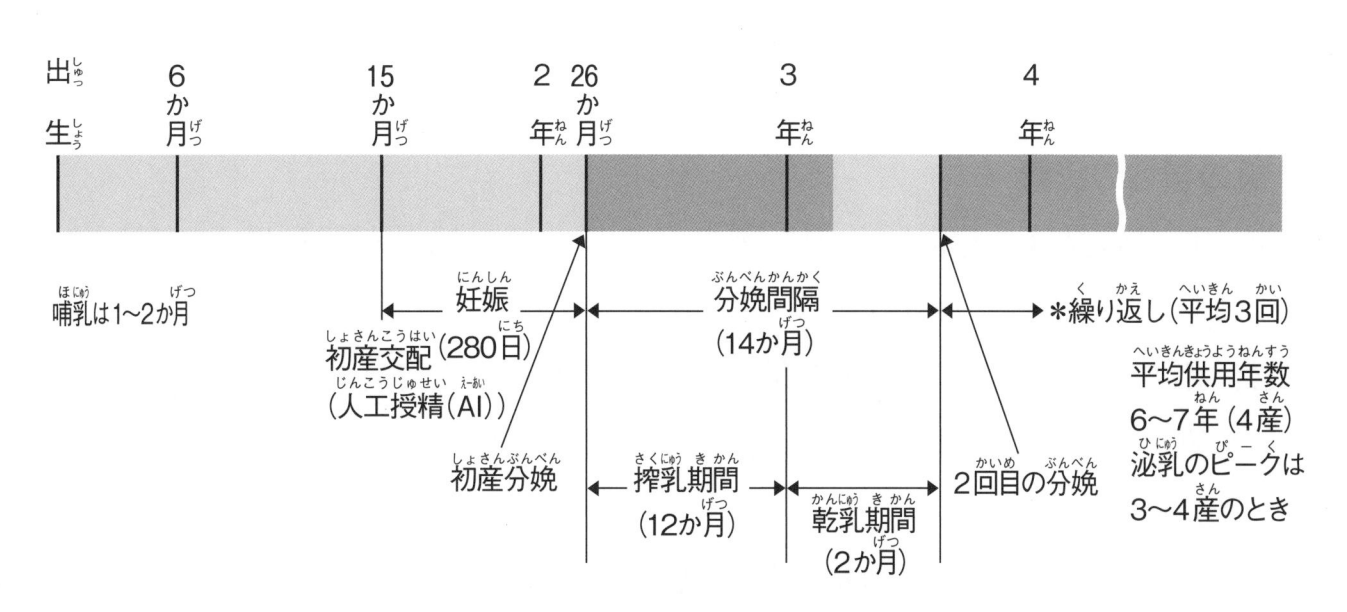

乳牛のライフサイクル

③ 乳牛の供用期間

（1）育成牛に最初の子牛を出産（初産）させる交配（人工授精）の時期は、生後14〜15か月が一般的です。ホルスタイン種乳牛では、体高約125cm、体重約350kgになってから人工授精を行います。

（2）分娩後、妊娠していない（受胎していない）期間を空胎日数といいます。空胎日数に妊娠期間を加えた期間が分娩間隔です。

（3）例えば、空胎日数が150日（5か月）の場合、分娩間隔は14か月となります。

（4）初産の後、以降の出産を2産、3産、4産・・・とよびますが、これを産次といいます。

（5）日本の乳牛の供用期間（経産牛）は、2002年が4.2産、2007年が4.0産、2012年が3.5産、2017年が3.3産、2022年が3.3産と、短縮化の傾向にあります。

（6）乳牛の供用期間の短縮化の原因として、乳器障害（乳房炎など）、繁殖障害、肢蹄故障（蹄病）、消化器障害、起立不能（乳熱）などによる廃用があります。

（7）乳牛のホルスタインの雌牛に黒毛和種の精液を人工授精し、生まれた子牛を交雑種（F1）といいます。この交雑種を肥育し、肉牛にします。

（8）交雑種の生時体重は黒毛和種とホルスタイン種の中間の約40kgです。ホルスタイン種よりも小さいため、初産のホルスタイン種の出産が楽になるという利点があります。

④ 夏の暑さの影響

（1）日本の夏は地球温暖化の影響で真夏日（最高気温が30℃以上の日）や猛暑日（最高気温が35℃以上の日）が多くなっています。

（2）ホルスタイン種は暑さに弱く、夏の暑さによって乳牛は死廃になることもあります。2020年の夏には暑さが原因で死亡したり、廃用になった乳牛が1,001頭いました。

（3）暑さによって、飼料の摂取量が減少し、体重も減少し、乳量も減少します。次の表は18℃、26℃、30℃の環境における乳牛の状態を示しました。

（４）環境温度の上昇にともなって、体温や呼吸数が増加します。

（５）これらの暑熱ストレスから、牛の繁殖成績は夏から初秋に低下します。

環境温度の上昇と乳牛の状態（例）

		18℃	26℃	30℃
配合飼料摂取量	kg／日	12.0	10.3	8.4
乾草摂取量	kg／日	6.1	4.5	3.7
体重（試験終了時）	kg	561	543	528
体温	℃	38.3	39.2	40.2
呼吸数	回／分	33.7	58.3	73.1
乳量	kg／日	27.5	23.3	19.3

（栗原ら、九州農業試験場）

（６）乳牛に対する暑さの問題をどのように克服するかが酪農の大きな問題の
　　　1つです。夏の暑さへの対策として、次のことが大切です。
　　・牛舎の構造や熱を反射する材質・色の工夫
　　・扇風機や散水などの冷却施設の整備
　　・牛舎周辺の植樹
　　・良質な粗飼料の給与

（７）乳牛は大量に水を飲む家畜であり、水質に敏感です。とくに、夏の暑い
　　　時期には、清潔で冷たい水をいつでも飲めるようにしておかなければなり
　　　ません。

（８）そのほか、牛の体、とくに上半身を中心に直接体に風を当てることが効
　　　果的です。

5 乳牛の改良と牛群検定

（1）日本の乳牛は、牛の改良や飼育管理の改善により、毎年、乳量や乳質が向上しています。この向上には、牛群検定が大きな役割を果たしています。

（2）牛群検定は、毎月1回、検定員が酪農家を訪問し、1頭ごとの乳量や乳成分を調査します。

（3）牛群検定の結果により、乳牛の健康、繁殖、乳質、衛生、遺伝子（ゲノム分析、A2ミルク）の改良を進めます。

（4）日本の酪農家のうち半分が牛群検定に参加しています。日本の飼育頭数の60%におよびます。

6 糞尿の処理と堆肥作り

（1）糞尿の処理では、糞尿から発生する臭気や害虫、河川の汚染の原因にならないように行わなければなりません。

（2）酪農家は、牛糞を利用して良質な堆肥を作ります。これを草地や飼料作物で利用したり、畑作農家や稲作農家に供給することが重要です。

（3）1戸当たりの飼養する乳牛が増えていることから、農場から排出される家畜糞尿も増えています。

（4）しかし、飼養頭数に比例して牧草・飼料作物の栽培面積も増えることはないため、自分の牧草地に還元する以上に糞尿量が発生することが問題になっています。

Ⅲ 第2章の確認問題

以下の問題について、
正しい場合は○、間違っている場合は×で答えなさい。

1. 牛を飼育し、肉を生産することを酪農といいます。 （　　　）

2. 日本の乳牛の平均乳量は、現在、年間で6,000kg程度です。（　　　）

3. 配合飼料に使われている主な穀物は米です。 （　　　）

4. 日本の乳牛の分娩間隔は、1989年と比べると長くなっています。（　　　）

5. 乳牛は気温が高くなると、飼料摂取量が減少します。 （　　　）

6. 日本の酪農家の戸数は毎年増加していますが、
   酪農家1戸当たりの飼養頭数は減少しています。 （　　　）

7. 乳牛の妊娠期間は150日です。 （　　　）

8. 乳牛の最初の交配（人工授精）の時期は、生後14～15か月が
   一般的です。 （　　　）

9. ホルスタイン種の雌牛に黒毛和種の精液を 人工授精することが
   あります。 （　　　）

10. 日本では、牛の尿を地面に穴を掘り、直接貯めておくことは
    禁止されています。 （　　　）

＝ 解 答 ＝

1. × （乳牛などの家畜を飼育し、牛乳や乳製品を生産することを
酪農といいます）

2. × （2021の乳牛の平均乳量は、年間で8,939kg です）

3. × （配合飼料の中で最も多く使われている穀物は、輸入のトウモロコシです）

4. ○

5. ○

6. × （酪農家の戸数は毎年減少し、酪農家1戸当たりの飼養頭数は
増加しています）

7. × （乳牛の妊娠期間は280日です）

8. ○

9. ○

10. ○

3 乳牛と飼料に関する基礎知識

Ⅰ　初級の試験を受ける人に必要な知識

1 乳牛の性質

（1）乳牛は、警戒心の強い動物で神経も鋭いので、人間は優しい態度で接することが大切です。

（2）乳牛は、粗飼料よりも濃厚飼料を好んで食べることがあります。これを選び食いといいます。

（3）夏の暑いときに、乳牛は呼吸数を多くして、体温の上昇を防いでいます。

（4）乳牛の体温は、肛門に体温計を入れて測定するのが一般的です。

（5）乳牛は分娩後から次第に乳量が増加し、7～8週にかけて1日の乳量は最高に達します。その後、減少します。ピーク時には、日乳量が50kg程度になる乳牛も多いです。

（6）分娩の60日ほど前に搾乳を終わり（やめて）、乾乳期に入ります。

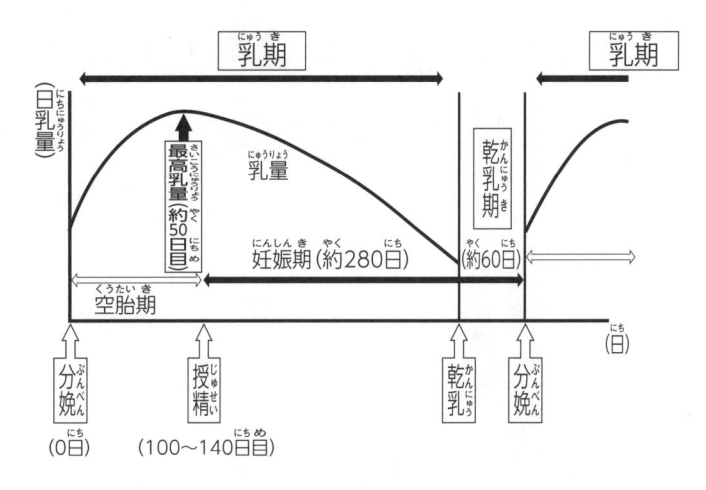

泌乳曲線

2 牛舎の構造

（1）乳牛の飼い方は、草地での放牧と、牛舎での舎飼いがあります。日本では舎飼いが多いです。

（2）舎飼いには、つなぎ飼い、フリーバーン、フリーストールの3つの方法があります。

（3）つなぎ飼い

① 乳牛を1頭ごとにスタンチョン、ロープ、鎖などで柱につないで、固定して飼う方法のことです。

② 給水器は、ウォーターカップが使われることが多いです。

スタンチョン牛舎

ニューヨーク式タイストール

③ 搾乳は乳牛が繋がれているその場所で行われ、搾られた牛乳は乳牛の頭上の送乳パイプを通って冷蔵庫（バルククーラ）に入ります。

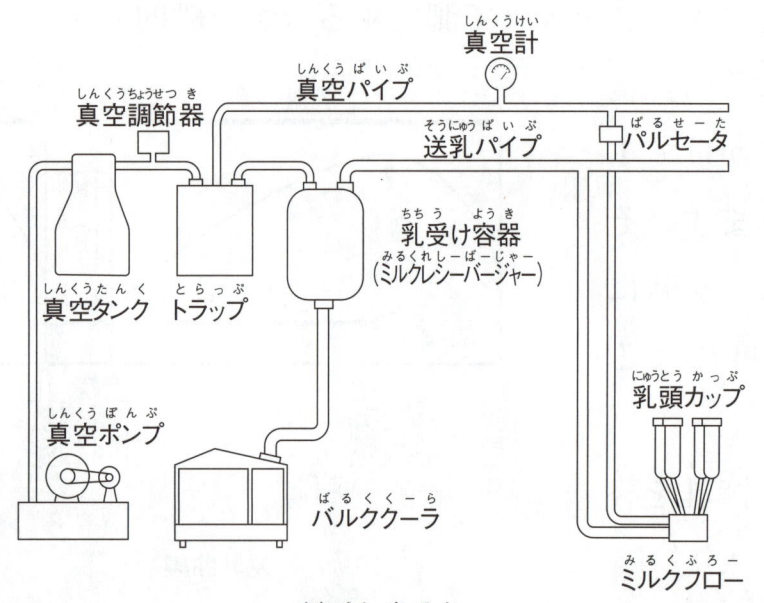

搾乳システム

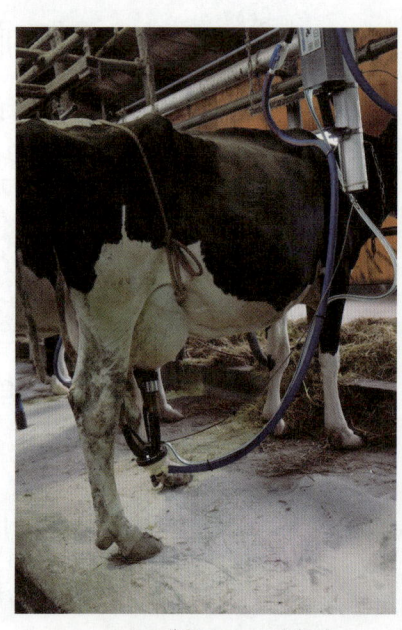

つなぎ牛舎での搾乳

（4）フリーバーン

① 牛舎で、乳牛を繋がずに自由に行動させる放し飼いの方法です。

② 給餌スペース以外の床の全面には、敷料が敷かれています。

③ 敷料は、オガクズ（木の粉）や戻し堆肥（発酵・熟成した乾燥堆肥）が用いられることが多いです。

④ 給水器は、水槽が用いられることが多いです。

⑤ 搾乳は、別室のミルキングパーラや搾乳ロボットで行われます。

フリーバーン牛舎

ミルキングパーラ

搾乳ロボット

（5）フリーストール

① フリーストールには、左下の写真のように1頭ごとに仕切られたベッド（牛床）が設置されています。それがフリーバーンとの違いです。

フリーストール牛舎のベッド（牛床）

フリーストール牛舎の飼槽

（6）フリーバーンやフリーストールの牛舎では、弱い牛が強い牛によって飼槽から追い出され、飼料の摂取量が少なくなる場合があります。

3 乳牛の消化器

（1）乳牛には4つの胃があります。

（2）一番大きな胃は第1胃で、ルーメンといいます。成牛では150〜200ℓの大きさになります。

（3）ルーメンには多くの微生物が住み、微生物が飼料を分解し、栄養素（揮発性脂肪酸）を乳牛の体内に供給しています。

（4）乳牛は、一度食べた飼料を再び口の中に戻し、歯で磨りつぶして、細かくし、再び飲み込みます。これを反芻・咀嚼といいます。

（5）反芻・咀嚼によって飼料は細かくなり、ルーメン内での微生物の分解・消化が速く進みます。

（6）乳牛のように、ルーメンを持つ動物を反芻動物といいます。

4 飼料

（1）粗飼料としてよく使われるものは、牧草サイレージ、トウモロコシサイレージ、ソルガムサイレージ、乾草、稲発酵粗飼料（イネホールクロップサイレージ（稲 WCS））、稲わらなどです。

　　※ホールクロップサイレージ（WCS）とは、茎葉と一緒に子実を含めて作ったサイレージのことです。

（2）濃厚飼料としてよく使われるものは、配合飼料、トウモロコシ、大豆かす、菜種かす、ふすま、食品製造副産物（豆腐かす、ビールかす）などです。

（3）配合飼料は、それぞれの飼料原料を配合飼料工場で混合し、製造される飼料です。穀類としてトウモロコシが、油かす類として大豆かすが多く使われています。

（4）サイレージは、牧草やイネ、トウモロコシを細かく切ったものを酸素（空気）のない状態で密封貯蔵した飼料です。

（5）刈り取り時期が早い牧草は、刈り取り時期が遅い牧草よりもタンパク質の含量や繊維の消化率が高く、栄養価が高くなります。

（6）TMRは、粗飼料と濃厚飼料を混合機（ミキサー）でよく混合した必要な栄養素を含んだ飼料です。

（7）TMRは、酪農家で製造し給与する場合と、TMRセンターから購入する場合の2つの形態があります。

（8）食品残さや農産物残さなど従来は捨てられていたもの（未利用資源）を飼料として利用したものをエコフィードといいます。

（9）エコフィードは、安価に入手できることから、近年は、酪農の配合飼料でも利用されています。飼料としての安全性や栄養価を正しく理解して使う必要があります。

5 飼料の給与（泌乳牛）

（1）乳を出すことを泌乳といいます。泌乳牛（搾乳牛）では、分娩後の乳量増加に合わせて飼料の摂取量も増加します。

（2）泌乳量の増加に合わせて濃厚飼料の摂取量が増加します。このときに、粗飼料と濃厚飼料の比率（バランス）を考え、濃厚飼料の摂取量が多すぎないように注意しなければなりません。その観点では、TMR給与はバランス良く粗飼料と濃厚飼料の摂取量を増加できます。

（3）牛は、穀物の多い濃厚飼料を好んで食べる傾向があります。分離給与のときには、最初に、乾草やサイレージなどの粗飼料を給与し、その後、濃厚飼料を給与します。

（4）飼料は、飼養標準をもとに、乳量や成長段階に合わせて給与します。日本飼養標準などを参考にします。

6 乳質と乳房炎

（1）乳質は、出荷される牛の合乳（多くの牛の牛乳の混合物）で調べられます。

（2）合乳の検査結果によって、牛乳の販売価格が異なります。

（3）1頭ごとの個体の乳質は、牛群検定を行っている場合、月に1度検査されます。

<h2 style="text-align:center">乳質の基準（例）</h2>

	優秀な乳質	標準的な乳質	改善が必要な乳質
乳脂肪率　　　％	3.9以上	3.5〜3.89	3.0〜3.49
乳タンパク質率　％	3.4以上	3.1〜3.39	2.8〜3.09
無脂固形分率　％	8.8以上	8.5〜8.79	8.0〜8.49
体細胞数　万/mℓ	10未満	10〜29	30〜99・それ以上

（(株)デーリィ・ジャパン社、臨時増刊号、1杯の生乳から分かる牛群の健康、1996）

（4）分娩直後の牛乳を初乳といいます。

（5）初乳は、通常の牛乳と比べて乳成分の含量が異なるために、分娩後5日間の牛乳は出荷することができません。

（6）乳房炎

① 乳房炎は、乳牛の乳房内に微生物（病原性細菌、真菌など）が増殖して起こる疾病です。

② 乳房炎になると乳房に炎症が起こり、発熱や乳房の腫れ、痛みといった症状を示します。

③ 乳房が病原性の細菌に汚染されると、白血球が増え、細菌などの異物を捕食します。それが乳汁中に排泄されて体細胞数が増えます。

④ 牛乳中の体細胞は、この白血球と乳腺の上皮細胞の剥離片からなります。

⑤ 牛乳中の体細胞数は、牛乳の衛生的品質の評価のために利用されています。

⑥ 健康な乳牛の体細胞数は、一般的に20万/mℓ以下です。

7 乳牛の繁殖

（1）分娩後の乳牛は、平均して21日ごとに発情を繰り返します。

（2）発情を見逃さずに人工授精をすることが大切です。

（3）乳牛は発情すると外陰部が充血し、粘液が分泌されます。

（4）発情最盛期には、ほかの牛に背中に乗られても、それを許す状態（スタンディング発情）になり、その観察が大切です。

（5）未経産牛などは、発情の終わりに出血（排卵後出血）があります。

（6）受胎の確認は、妊娠鑑定を受けることによって行われます。

（7）乳牛の分娩間隔は、1年に1産が理想的です。

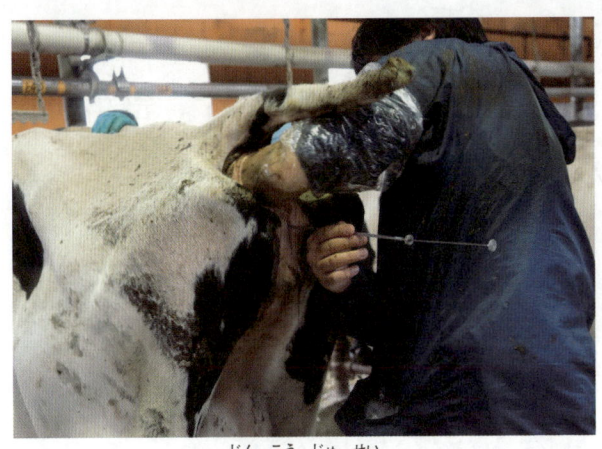

人工授精

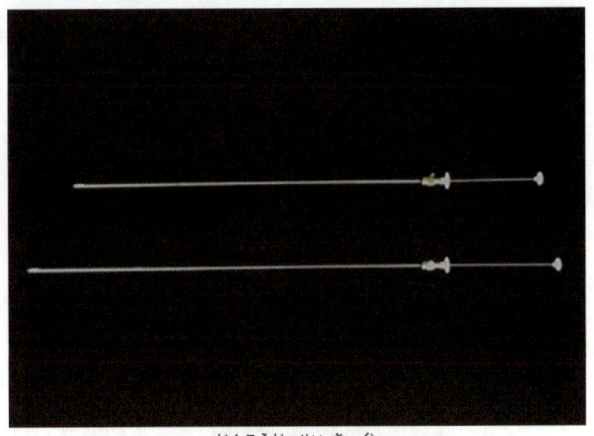

人工授精器具

8 分娩

（1）乳牛の分娩時の子牛の体重は約45kgです。

（2）人間が手をかけない自然分娩が理想的ですが、難産のときには助産が必要になります。

（3）助産のときには、母牛の産道を傷つけたり、細菌感染を起こさないように注意しなければなりません。

（4）子牛が生まれた後、約6時間以内に胎盤（後産）が排出されます。12時間以上経過しても排出されない場合は、胎盤停滞で治療が必要です。

（5）生まれた子牛を母牛がなめて体の表面を乾かしますが、乾燥した敷料の上に子牛を移動させることが大切です。

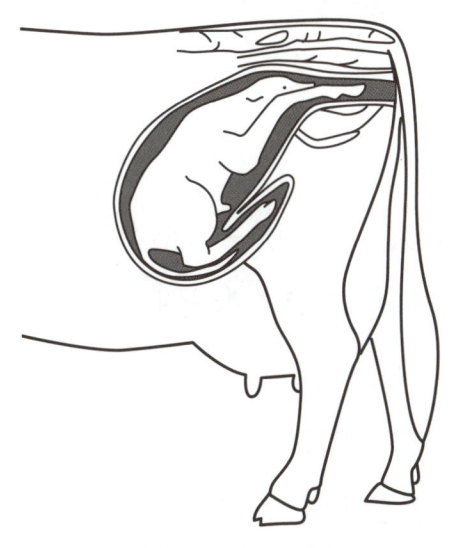

分娩前の子牛の正常胎位

⑨ 初乳の給与

（1）初乳には免疫グロブリンがたくさん含まれています。生まれた子牛には初乳を飲ませ、免疫力をつけることが大切です。

（2）子牛には、少なくとも生後3日間は初乳を給与します。母牛からの初乳を十分に飲めないときは、市販の初乳製剤を与えます。

⑩ 子牛の健康管理

（1）子牛は下痢、敗血症、肺炎などにかかりやすいです。

（2）子牛は換気が良く、日当たりの良い、清潔な環境で育てることが大切です。

（3）子牛の飼育には、カーフハッチや子牛用のケージを使用することが多いです。

（4）カーフハッチや子牛用のケージには敷料をたくさん使い、清潔にしておくことが大切です。

（5）角が生えないように、子牛のうちに処理をします。

カーフハッチ

⑪ 糞尿の種類

（1）乳牛の糞尿は、固形物、スラリー、液状物の3つがあります。

（2）固形物は尿を分離したもので、糞と敷料の混合物です。これから堆肥が作られます。

（3）液状物は糞と分離された尿です。

（4）スラリーは糞と尿を混合したもので、タンクに貯留され、肥料やメタンガスの生産に使われます。

バーンクリーナーで牛舎から運び出された糞と敷料

スラリータンク

12 堆肥の製造と利用

（1） 堆肥は、乳牛の糞や、糞と敷料の混合物を発酵させたものです。

（2） 良質な堆肥を作るためには、空気を十分に供給する必要があります。そのために、切り返し（攪拌・混合）を行います。

（3） 堆肥は肥料として利用されます。乾燥した堆肥は、再び牛舎内で敷料や水分調整剤として使われることがあります。これを戻し堆肥といいます。

（4） 堆肥は草地や飼料作物で利用されたり、畑作農家や稲作農家に供給されます。

（5） 堆肥の散布はマニュアスプレッダ（堆肥散布機）などで行います。

マニュアスプレッダ

堆 肥 舎

1 乳牛の栄養素

（1）乳牛の第1胃（ルーメン）では、穀類デンプンや粗飼料の繊維から揮発性脂肪酸（酢酸、プロピオン酸、酪酸）が作られます。これが乳牛の体内に吸収されて、牛乳の生産と体の維持などに使われます。粗飼料などの繊維質は乳脂肪分になります。

（2）良好に発酵している第1胃液はpH6.5前後です。

（3）飼料中のタンパク質は、ルーメンで分解され微生物体となるものと、ルーメンをそのまま通過するものがあります。どちらも第4胃や腸で分解され、小腸で吸収されます。

2 飼料の栄養価

（1）飼料の成分は、粗タンパク質、粗脂肪、炭水化物、ミネラル、ビタミンの含量で示されます。

（2）乳牛用飼料の栄養価（エネルギー）を日本ではTDN（可消化養分総量）で示しています。

（3）穀類は、消化率の高いデンプンを多く含むためにTDN含量が高く、トウモロコシ（穀類）のTDN含量は乾物中93.6％と非常に高いです。乾物とは、水分をなくした状態のものをいいます。

（4）牧草には繊維が多く含まれます。牧草の消化率は穀類のデンプンよりも低いために、TDN含量もトウモロコシ（穀類）より低いです。

主な牧草

・イネ科牧草…イタリアンライグラス、オーチャドグラス、チモシー、ケンタッキーブルーグラス、スーダングラス、ローズグラス

・マメ科牧草…アルファルファ(ルーサン)、赤クローバー、白クローバー

（5）イネ科牧草は刈り取り時期によって、粗タンパク質含量、繊維の消化率が次の表のように異なります。早い刈り取り時期の牧草のほうが栄養価は高いです。

牧草の刈り取り時期と栄養価（イタリアンライグラス、チモシー）

	出穂前	出穂期	開花期
イタリアンライグラス			
粗タンパク質含量　乾物中（%）	18.4	13.7	8.3
総繊維消化率　　　　（%）	75	60	50
チモシー			
粗タンパク質含量　乾物中（%）	17.5	10.0	8.8
総繊維消化率　　　　（%）	70	60	47

○飼料の乾物中の栄養価を計算しましょう。

（例）粗タンパク質18%、水分10%の飼料があります。

この飼料の乾物中の粗タンパク質の割合（%）の計算

水分10% →乾物90%

18% ÷ 90% ＝ 0.2　　　0.2 × 100 ＝ 20%

③ 飼料生産

（1）サイレージは、牧草やイネ・トウモロコシを酸素のない、空気を遮断した環境で貯蔵し、乳酸発酵をさせて作る貯蔵飼料です。

（2）良いサイレージを作るためには、材料を細かく切り、十分な踏圧・圧縮をすることが大切です。

（3）これらの飼料作物の収穫・貯蔵などを請け負う、酪農家以外の外部組織や業者をコントラクターといいます。

・牧草サイレージの調製 (1)スタックサイロ

① モーアコンディショナーによる刈り取り

② 牧草収穫作業

③ スタックサイロ作り

④ スタックサイロ

・牧草サイレージの調製 (2)ロールベール体系

① モーアコンディショナーによる刈り取り

② ロールベーラによる梱包作業

③ ラッピングマシンによるラッピング

④ ロールベールサイレージ

4 飼料給与

（1）搾乳牛に対する飼料給与の例を次の表に示しています。

北海道　日乳量40kg 　　牧草サイレージ10kg、トウモロコシサイレージ14kg、配合飼料10kg、アルファルファ乾草2kg、ビートパルプ3kg
茨城県　日乳量28kg 　　チモシー乾草4kg、アルファルファ乾草2.9kg、バミューダグラス乾草3.4kg、配合飼料6.3kg、ビートパルプ3kg

（2）乾乳牛の飼料給与の注意点は次のとおりです。

① 乾乳から分娩前3週間までは、粗飼料を中心にしながら胎子の発育分を考えて数kgの濃厚飼料を給与します。

② 分娩前の3週間をクローズアップ期といいます。分娩後の濃厚飼料の増給に備えて、徐々に濃厚飼料を増やして第1胃（ルーメン）内の微生物をならします。

③ 分娩後に起こりやすい病気に、血中のカルシウム濃度が低下する乳熱があります。乳熱は分娩後の泌乳開始により、血液から牛乳中に排出されるカルシウムに対して、骨から補充される分が間に合わないために起こる病気です。

④ これを防ぐためには、クローズアップ期にカリウム濃度の低い牧草を給与することや、カルシウムの添加剤を控えることが推奨されています。

5 消化器と蹄の疾病

（1）乳牛は草食動物で、本来草を食べる動物ですが、現在では、高い牛乳生産を得るために穀類デンプンの給与量が多くなっています。

（2）穀類デンプンは、第1胃（ルーメン）における消化速度が牧草の繊維に比べて非常に速く、穀類デンプンを多く給与することにより、揮発性脂肪酸や乳酸の生成量が多くなります。

（3）そのため、穀類の給与が多いとルーメンのpHの低下が起こり、ルーメンアシドーシスや蹄病を発症させる危険性があります。

（4）日本では、肢蹄障害（蹄葉炎、蹄病）による廃用が多いです。

（5）肢蹄障害は、乳牛による濃厚飼料の選択採食（選び食い）によっても起きることがあります。

（6）次の表は、第4胃変位、ルーメンアシドーシス、蹄葉炎の牛の状態を示しています。

乳牛の消化器障害と蹄葉炎

疾　病	発生要因	乳牛の症状
第4胃変位	分娩直後の粗飼料不足、濃厚飼料の多給によって起こりやすい	食欲不振、元気消失、乳量低下
ルーメンアシドーシス	穀類デンプンの多量摂取によって、第1胃（ルーメン）に乳酸が蓄積し、pHの低下が激しい	食欲不振、第1胃運動の低下、乳量減少、肝臓機能の低下
蹄葉炎	ルーメンアシドーシスのときに生成された乳酸やヒスタミンが、蹄の真皮の毛細血管に作用し、炎症を起こす	歩行困難で飼槽や給水器に近づけない、飼料摂取量が減少、乳量低下

（牛病学、（株）近代出版、1980）

蹄葉炎は「写真一覧」（P67）参照。

6 乳牛の発情と人工授精

（1）発情

① 分娩後の乳牛は、繁殖機能が回復するまでに4〜6週間程度かかりますが、大きな個体差があります。

② 繁殖機能が回復すると、平均21日ごとに発情を繰り返します。

（2）人工授精

① 人工授精では、凍結精液を使うのがほとんどです。

（3）受精卵移植

① 受精卵移植は、優秀な雌牛から複数個の受精卵を採取し、発情後6〜8日目の牛に受精卵を移植する方法です。

② 黒毛和牛の受精卵を移植する受精卵移植も盛んになっています。

❼ 子牛の哺育と育成

（１）離乳は６週齢で行う早期離乳方式が推奨されていますが、その場合の飼料給与方式は次の表となります。

早期離乳方式での飼料の給与

初乳	生後４時間以内に１〜２ℓ、４〜６時間の間に２ℓ
代用乳（粉乳）・母乳	代用乳のみを利用する場合には600ｇ／日の粉乳を（40℃のお湯に溶かして）給与、牛乳のみを利用する場合には4.5kg／日の母乳を６週まで給与
人工乳（カーフスターター）	離乳用濃厚飼料（人工乳）を生後１週齢頃から給与　　1〜2週齢　0.1kg／日　　2〜3週齢　0.2kg／日　　3〜4週齢　0.5kg／日　　4〜5週齢　0.8kg／日　　5〜6週齢　1.2kg／日　　（その後、３か月齢まで次第に増加、最大2.5kg／日）
乾草	良質の乾草を自由採食

（日本飼養標準・乳牛、生産獣医療システム・乳牛編１　参照）

（２）乳牛の育成期においては、次の２つを目標とします。

①　良質で採食性の高い粗飼料を給与して、第１胃（ルーメン）を十分に発達させます。

②　適度の運動によって、筋肉と骨格を十分に発達させます。

❽ ボディコンディションスコア

（１）ボディコンディションは、乳牛の皮下脂肪の蓄積の程度のことをいいます。

（２）ボディコンディションを数値化したものをボディコンディションスコア（ＢＣＳ）といいます。

（３）ボディコンディションスコアは1.0〜5.0の範囲で示されます。数値が高いほど皮下脂肪が多いことを示します。

（４）ボディコンディションスコアの測定は、寛骨、腰角、坐骨、横突起、仙坐靭帯、仙腸靭帯の観察によって決められます。

（5）ボディコンディションスコアは、牛乳生産や繁殖成績と密接な関係があるため、乳牛の生産時期に合わせた目標値が次のように設定されています。

① 分娩時は3.50くらい、3.25〜3.75の範囲とします。
② 泌乳期間中でも2.5 以上になるようにします。
③ 遅くても、分娩後100日頃までには、回復が始まるようにします。
④ 乾乳時には3.25〜3.75の範囲にします。

詳細は「写真一覧」(P68) 参照。

9 堆肥の製造

（1）堆肥を製造するときの水分量は、60〜65％程度が最も良いとされます。水分調整をするために、おがくずなどの副資材を混合して堆肥製造が行われます。

（2）堆肥化を促進するために、油かすなどの窒素成分の多い副資材を使用することがあります。

（3）堆肥化がうまく進むと、温度が上昇します。その場合、70〜80℃の温度となり、その高温によって病原性細菌、寄生虫、雑草の種子（種）などが死滅し、安全な堆肥として使用することができます。

Ⅲ　初級の実技試験のために必要な知識

1. 器具や装置の名称と役割の確認（バルククーラ、ウォーターカップ、カーフハッチについて、その区別とどのような仕事に使うか、テキストと日常の作業の中で確認）

2. 粗飼料にはどのようなものが含まれるか（牧草サイレージ、稲サイレージ、トウモロコシサイレージ、稲わら、乾草、稲発酵粗飼料（稲WCS））

3. 濃厚飼料にはどのようなものが含まれるか（配合飼料、トウモロコシ、大豆かすなど）

4. 発情をしている牛の確認（テキストや日常の仕事の中で確認：スタンディング発情）

5. 施設の名称と役割の確認（堆肥舎、サイロ、フリーバーン牛舎、フリーストール牛舎、ミルキングパーラについて、その区別と、どのような仕事に使うか、テキストや日常の作業の中で確認）

6. TMR（混合飼料）と分離給与の確認（テキストや日常の作業の中で確認）

7. 原料を発酵させて作る飼料は何か（牧草サイレージ、トウモロコシサイレージ、稲サイレージ、稲発酵粗飼料（稲WCS））

Ⅳ　専門級・上級の実技試験のために必要な知識

1. 泌乳期の乳牛のボディコンディションの確認（テキストP68または日常の観察の中で痩せすぎや、太りすぎの牛を見分けられるようにしておく）

2. 牛の蹄の正常と異常の確認（テキストP67や日常の観察の中で蹄病になっている牛を見分けられるようにしておく）

3. エネルギー含量の高い飼料とタンパク質含量の高い飼料の確認（高エネルギー飼料：トウモロコシ、高タンパク質飼料：大豆かす）

4. 定期的に行う削蹄の確認（日常の観察の中で伸び過ぎている牛がいないかを確認）

5. ロールベールサイレージとスタックサイレージの違いを確認（テキストまた

は日常作業の中で確認）

6．粗飼料と濃厚飼料の給与順序はどちらが先か（粗飼料→濃厚飼料）

7．飼料の栄養価の確認（牧草の刈り取り時期の栄養価を理解したり、乾物中の栄養価の計算ができるようにしておく）

V 第3章の確認問題

以下の問題について、
正しい場合には〇、間違っている場合には×で答えなさい。

1. 生まれてすぐのホルスタイン種の子牛の体重は約100kg です。（　　　）

2. 乳房炎になると、牛乳中の体細胞数が減少します。　　　　　（　　　）

3. フリーストール牛舎の中にはベッド（牛床）はありませんが、
   フリーバーン牛舎にはベッドがあります。　　　　　　　　　（　　　）

4. 暑くなると、乳牛の呼吸数は増加します。　　　　　　　　　（　　　）

5. 牛の蹄は削蹄してはいけません。　　　　　　　　　　　　　（　　　）

6. 良い堆肥を作るためには、酸素（空気）の供給が必要です。（　　　）

7. 分娩直後の初乳は、子牛に飲ませてはいけません。　　　　　（　　　）

8. 分娩時、ボディコンディションスコア（BCS）が
   2.5の乳牛は太りすぎです。　　　　　　　　　　　　　　　（　　　）

9. 乳牛の第4胃がルーメンです。　　　　　　　　　　　　　　（　　　）

10. 配合飼料やトウモロコシ、大豆かすなどを濃厚飼料といいます。（　　　）

＝解　答＝

1．× （生まれてすぐのホルスタイン種の子牛の体重は約45kg です）

2．× （乳房炎になると、牛乳中の体細胞数は増加します）

3．× （ベッドがあるのはフリーストール牛舎で、
　　　フリーバーン牛舎にはベッドがありません）

4．○

5．× （定期的に削蹄しなければいけません）

6．○

7．× （子牛の免疫力を高めるために、初乳を飲ませることが必要です）

8．× （ボディコンディションスコアが2.5の乳牛は痩せています）

9．× （乳牛の第1胃がルーメンです）

10．○

4 日常の乳牛の管理作業

Ⅰ 初級の試験を受ける人に必要な知識

1 酪農家の1日

朝	昼	夜
飼槽の清掃	飼料の掃き寄せ	通路清掃
水槽・ウォーターカップの清掃	糞尿処理	搾乳
搾乳	（飼料の給与）	飼料給与
飼料の給与		飼料の掃き寄せ
飼料の掃き寄せ		
通路の清掃		

2 施設の管理

（1）通路

① 乳牛が滑らないように、通路は清潔にしておくことが大切です。

（2）飼料倉庫

① 飼料倉庫には、野鳥やネズミが入らないように注意します。

② 常に清掃して清潔にしておきます。

③ 飼料にカビが生えていないかを確認します。

（3）飼槽

① 朝の飼料給与の前に飼槽は清掃し、清潔にしておきます。

② 飼槽の表面には小さな窪みや穴がなく、滑らかな状態が理想です。

（4）飼料の掃き寄せ

① 乳牛が飼料を食べやすいように、牛の口の近くに飼料を掃き寄せておくことが大切です。

飼料の掃き寄せ作業

（5）水槽・ウォーターカップの清掃

① 朝、水槽やウォーターカップの中にある飼料をきれいに取り除き、乳牛が新鮮な水を飲めるようにしておくことが大切です。

② 夏の暑い時期には、冷たい水が飲めるように、水槽では水の入れ替えを行うと良いです。

ウォーターカップ

（6）牛舎の換気

① 冬には隙間風を防ぎます。

② 夏には扇風機での空気の対流を促進することが大切です。

③ 夏の暑い時期には、牛の直腸温度が39℃以上になる場合も多く、呼吸数が増加し、飼料摂取量も低下します。

牛舎の換気

（7）牛床

① 牛床（ストール）は清潔で乾燥している状態にしておきます。

② 乳牛の脚の損傷を少なくし、快適性を与えるために敷料を使って弾力性のある状態を維持します。

牛床

（8）牛舎内の清掃

① 牛床や通路などの清掃は、バーンクリーナーやスクレーパー、フロントローダーなどで行いますが、これに加え手作業でも行います。

② つなぎ飼いではカウトレーナーを使用し、バーンクリーナーの溝などに的確に糞尿を排泄させ、牛床の汚れを防ぎます。

カウトレーナーを使用している様子

バーンクリーナー

（9）外部寄生虫の防除

① 吸血昆虫のサシバエは、牛にストレスを与えるので、乳量が少なくなります。

② ハエは、ウイルスや病原性細菌の媒介をするとともに、幼虫の発生が野鳥を集めることもあるので、駆除が大切です。

③ サシバエ、イエバエなどが、牛舎で繁殖しないようにします。

④ そのために、糞尿の清掃・除去、敷料の交換、腐敗した飼料の除去が必要です。

（10）牛の観察

① 強い牛と弱い牛の競合、元気のない牛の発見、体の損傷、飼料の選び食い（選択採食）、下痢など糞の状態について観察します。

とくに、次の点に注意して牛の健康を観察します。症状があった場合は病気を疑います。

・食欲はあるか
・目は温和で活力があるか
・鼻汁が出ていないか、鼻が乾きすぎていないか
・いつもと違う動きをしていないか
・下痢をしていないか

・尾の動きは適切か
・呼吸が乱れていないか
・咳をしていないか
・体の震えや発熱はないか
・被毛に光沢はあるか

3 搾乳の手順

（1）準備と原則

① 搾乳前には、搾乳器具類の点検、洗浄、殺菌を行います。

② 体細胞数の高い牛や乳房炎牛は、最後に搾乳します。

（2）前搾り

① 目的：前搾りは、乳汁中の固形物の発見、前回の搾乳後に乳頭内に浸入した細菌汚染の可能性が高い牛乳の搾り捨て、前回の搾乳後に乳頭に残ったディッピング液の搾り捨てのために行います。

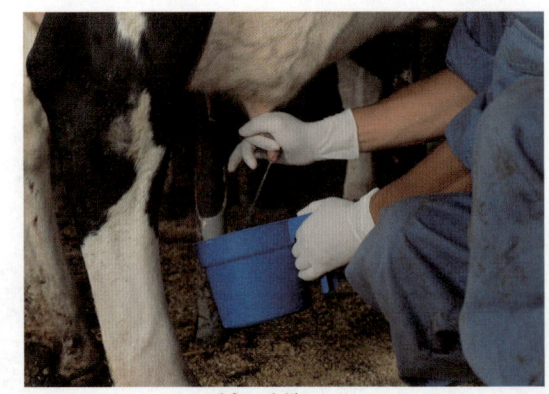

前搾り

② 手の消毒：手洗い用のバケツと手拭き用のタオルを用意しておきます。

③ ストリップカップ：乳頭ごとにストリップカップへ前搾りを行い、乳汁中の固形物の確認を行います。このとき、乳頭の汚れがひどい場合には、先に乳頭の洗浄を行います。

ストリップカップ

（3）プレディッピング（必要があれば行います）

① 前搾りの後、殺菌剤によって、（4）乳頭の清拭の代わりに行います。

② ディッピングとは、薬液に浸すという意味です。

③ ディッピングの目的は、乳頭の殺菌と乳頭表面の保護です。

④ ディッピング液には、殺菌剤と乳頭表面保護材（グリセリンなど）が含まれます。

⑤ 終了後は、乳汁への薬剤の残留防止のため、使い捨てのペーパータオルできれいに拭き取ります。

（4）乳頭の清拭

① 消毒液に浸したタオルで乳頭を清拭します。

② 清拭の目的は、搾乳刺激を与えることと、乳頭表面の殺菌です。

③ タオルは1頭に1枚以上を用意し、使い終わったものは別のバケツに入れておきます。

④ 布のタオルではなく、使い捨てのペーパータオルを使用する場合もあります。

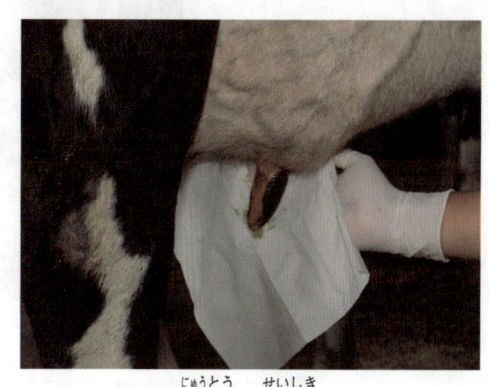

乳頭の清拭

（5）乳頭の乾燥

① 乳頭の清拭の後、あるいはプレディッピングの後に、使い捨てのペーパータオルで乳頭を拭き、乳頭を乾燥させます。

（6）ティートカップの装着、搾乳、離脱

① 前搾りの開始から1～2分後にティートカップを装着します。

② ユニットは4本の乳頭に正しく装着します。

③ 搾乳は5分以内を目安とします。

④ 乳頭口や乳頭管の損傷を与えるため、残乳を搾りきろうとする過搾乳や、ミルカーを押し下げるマシンストリッピングはしません。正常な乳房では、乳を搾りきる必要はありません。

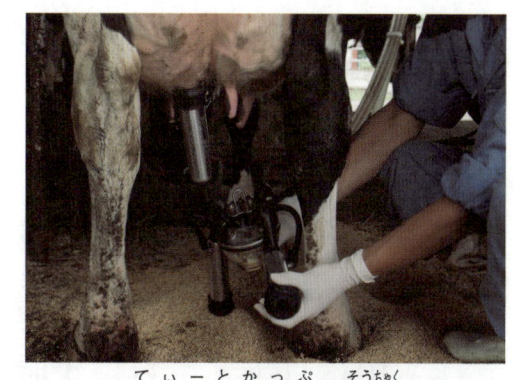

ティートカップの装着

⑤ 搾乳終了後、ティートカップは4本同時に乳頭から離脱します。

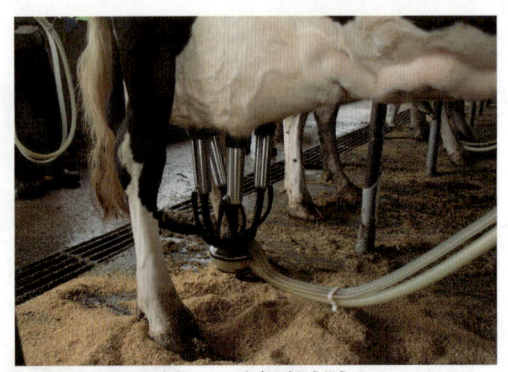

正しい搾乳方法

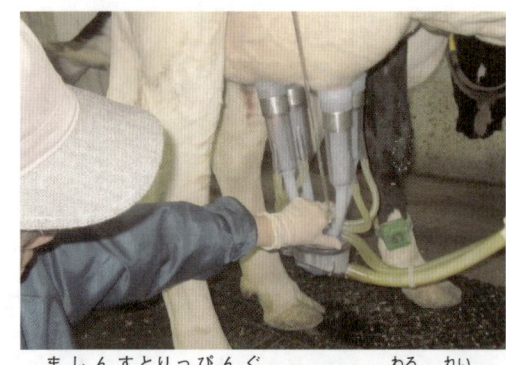

マシンストリッピングはやめる（悪い例）

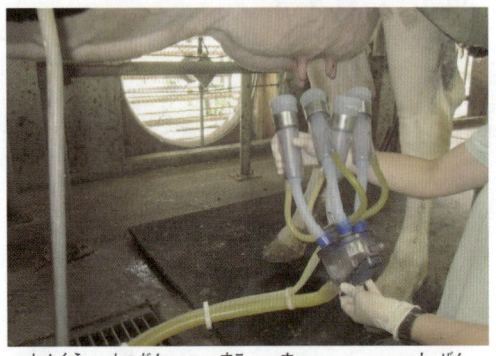

真空を遮断し、少し待ってから自然落下に合わせて4本同時に離脱する

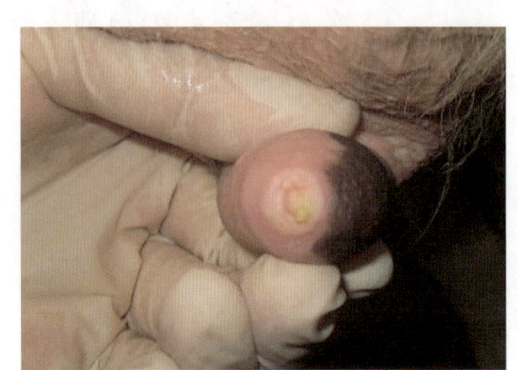

過搾乳による乳頭口周囲の損傷

（7）ポストディッピング

① ティートカップ離脱後のディッピングをポストディッピングといいます。

② その目的は、次の搾乳までの間に乳頭への細菌の感染を防ぐためです。

③ 必ずプレディッピングとは違う容器で行います。

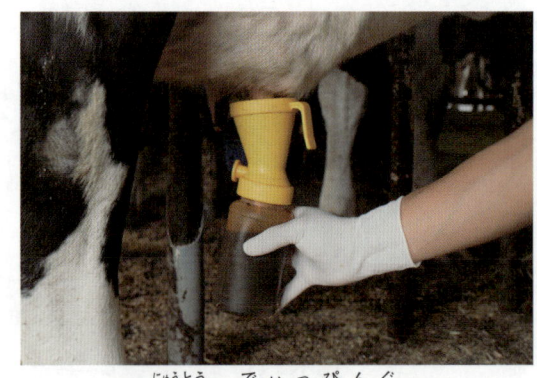

乳頭のディッピング

（8）バルククーラの温度管理

① 初回投入時：搾乳後1時間以内に10℃以下、さらに1時間以内に4.4℃以下になるように設定します。

② 追加投入時：10℃を超えないことが大切です。

バルククーラ

搾乳の手順（1）～（8）は、「生産獣医療システム・乳牛編」（全国家畜畜産物衛生指導協会）、「酪農基本ワード」（（株）デーリィ・ジャパン社）、家畜改良事業団の資料を参考としています。

④ 搾乳ロボット

（1）近年、搾乳ロボットによる搾乳が増えています。乳牛が搾乳して欲しいときに、搾乳ロボットが作動し、前搾りからポストディッピングまでの一連の作業を自動で行います。

（2）フリーストール牛舎やフリーバーン牛舎で使用します。

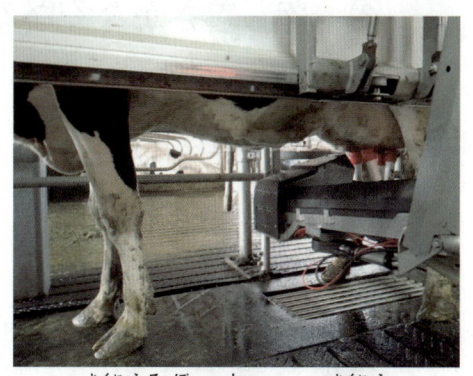

搾乳ロボットによる搾乳

⑤ 発情の発見

（1）発情

① 発情とは、雌が雄を受け入れて交配（種付け）できる状態のことです。

（2）発情の周期

① 乳牛の発情の周期は21日です。

スタンディング発情

（3）観察

① 早朝と夜に発情の行動（スタンディング発情など）を観察します。

② ほかの牛に乗られそうになったとき、嫌がらずにじっとそのままにしている状態をスタンディング発情といいます。真の発情とみなしています。

③ 行動量の変化から発情を見つける機器（歩数計など）も使用しています。

（4）つなぎ飼いでの発情発見

スタンチョン牛舎など、つなぎ飼いの場合には次のような状況を確認します。

① 食欲の低下

② 乳量の低下

③ 落ち着きがなくなる

④ 吠えるように鳴く

⑤ 発情粘液の漏出

⑥ 外陰部の腫脹

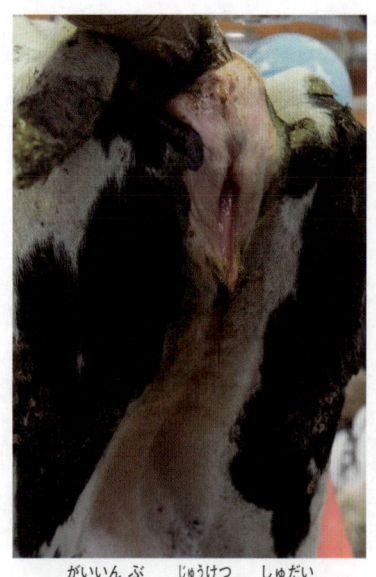

外陰部の充血と腫大

発情の発見（1）～（4）は、「最新 乳牛の繁殖管理指針」（中尾敏彦著）酪農総合研究所刊などを参考としています。

Ⅱ　専門級・上級の試験を受ける人に必要な知識

❶ 発情の発見

（1）発情が近くなると、乳牛は落ち着きがなくなり、ほかの牛や、人間に擦り寄ったり、夜、ほかの牛が静かにしているときでも歩き回ったりします。

（2）発情の持続時間は、昔は12〜18時間程度でしたが、乳牛の乳量が増加するにともなって短くなり、最近では、発情持続時間は7〜8時間が標準になってきています。

❷ 分娩時の子牛の管理

（1）子牛の出産に先立って、十分に敷料を入れた清潔で乾燥した哺育ケージを準備しておくことが大切です。

（2）子牛の胎液を拭き取る清潔なタオル、運搬用具、消毒剤（ヨードチンキなど）を用意しておくことが大切です。

（3）出産後すぐに、子牛の臍帯（へその緒）を糸で縛り、切断部位をヨードチンキなどで消毒します。

（4）できるだけ速やかに子牛の鼻や口周辺の胎液を拭き取り、呼吸していることを確認します。その後に、全身の胎液を拭き取り乾かします。（以後の管理はP23〜参照）

Ⅲ　初級の実技試験のために必要な知識

1．飼槽の中の飼料の状態の確認（牛が食べやすい位置に飼料があるか、掃き寄せが必要な状態はどのような状態か、日常の作業の中で確認）

2．飼槽の管理状態の確認（飼槽の表面は滑らかか、小さな穴があいてその中に飼料が貯まっていないか、腐敗した飼料が残っていないか、清潔な状態か日常の観察の中で確認）

3．搾乳の手順（①前搾り②プレディッピング③乳頭の清拭④ティートカップの装着・離脱⑤ポストディッピング）と、作業の目的をテキストで確認

4．ウォーターカップの中に粗飼料の破片や、濃厚飼料がたくさん残っている状況がないか、常に清潔な水を牛が飲んでいるか

5．発情の兆候を示す牛はどのような行動をするか（テキストや日常の観察の中で確認）

6．搾乳器具（消毒液、ペーパータオル、タオル、バケツ、搾乳手袋、ストリップカップ、ティートカップなど）の名称と役割の確認（テキストや日常の仕事の中で確認）

Ⅳ　専門級・上級の実技試験のために必要な知識

1．乳牛の通路や牛床の良い状態（糞尿が清掃されているか、乾燥しているか、牛が滑らないか、日常の観察の中で確認）

2．飼槽の状況（粗飼料と濃厚飼料を均一に食べているか、濃厚飼料を多く摂取し粗飼料をたくさん残していないか、飼料の山に濃厚飼料ばかりを食べるために穴があいていないかなど、飼料の摂取状況を日常の観察の中で確認）

3．搾乳作業の中で、行ってはいけないこと（過搾乳はしない、搾乳後ティートカップは4本同時に乳頭から外す、1本ずつ外すことはしない、テキストや日常の観察の中で確認）

4．子牛の出産に向けて用意する物（清潔なタオル、運搬用具、消毒剤、乾燥した敷料を入れた哺育ケージ）を確認

5．乳牛の品種の確認

6．環境温度と乳牛への影響を確認

以下の問題について、
正しい場合は○、間違っている場合は×で答えなさい。

1．水槽やウォーターカップは、常にきれいに清掃しておくことが
　　必要です。　　　　　　　　　　　　　　　　　　（　　　　　）

2．乳牛は首を伸ばして飼料を摂取するため、飼槽の中の飼料の
　　掃き寄せは必要ありません。　　　　　　　　　（　　　　　）

3．夏の暑いときでも、乳牛の体温は39℃を超えることはありません。
　　　　　　　　　　　　　　　　　　　　　　　　（　　　　　）

4．搾乳のときのディッピングは、ペーパータオルで乳頭を
　　拭くことです。　　　　　　　　　　　　　　　（　　　　　）

5．過搾乳をしてはいけません。　　　　　　　　　（　　　　　）

6．搾乳終了後、ティートカップは1本ずつ乳頭から外します。（　　　　　）

7．乳牛は、約28日ごとに発情します。　　　　　（　　　　　）

8．乳牛は、発情すると落ち着きがなくなります。　（　　　　　）

9．サシバエやイエバエは、乳牛にストレスを与えます。（　　　　　）

10．搾乳は、前搾り→プレディッピング→乳頭の清拭→
　　ティートカップの装着・離脱→ポストディッピング
　　の手順で行います。　　　　　　　　　　　　　（　　　　　）

＝解答＝

1. ○

2. ×（牛が食べやすい位置に、飼料の掃き寄せを行います）

3. ×（気温が30℃前後のときには、牛の直腸温は40℃にもなります）

4. ×（ディッピングは乳頭口を薬液に浸すことです）

5. ○

6. ×（ティートカップは4本一緒に乳頭から外します）

7. ×（乳牛は、約21日ごとに発情します）

8. ○

9. ○

10. ○

❶ 日本と世界の伝染病の状況

（１）伝染病は、ウイルスや細菌などでうつる病気です。動物から動物、資材から動物など、人間や資材、動物を媒介してうつります。

　日本は島国ですが、外国（日本国外）から来る人間や資材を介して、病原体が日本に持ち込まれる可能性があります。日本では、重要な家畜伝染病である口蹄疫や豚熱（ＣＳＦ）、鳥インフルエンザなどが発生しています。

・口蹄疫は、日本では2010年に発生しましたが、近年は発生していません。しかし、現在もアジア諸国で発生しています。

・豚熱（ＣＳＦ）は、日本では2018年以降、毎年発生しています。感染拡大を防ぐため、ワクチン接種が行われています。

・鳥インフルエンザは、毎年発生しています。

（２）日本の近隣の国では、上記の病気の発生のほかに、アフリカ豚熱（ＡＳＦ）などの重要な家畜伝染病が発生しています。

（３）家畜の伝染病には、毒性や感染力の強さから殺処分などの強力な措置が必要な家畜伝染病（法定伝染病）と、病気の発生と被害防止の対策を速やかに行うことが必要な届出伝染病があります。

　どちらも発生が疑われた場合は、すぐに獣医師や家畜保健衛生所に連絡しなければなりません。また、家畜の伝染病には、これらのほかに感染すると経済的損失の大きい病気（慢性伝染病など）もあります。

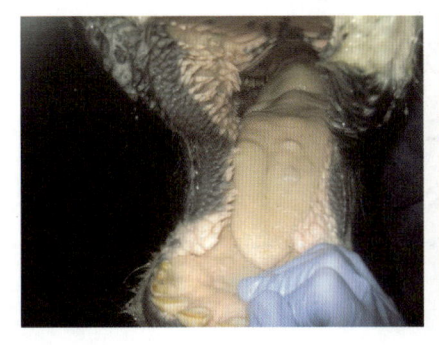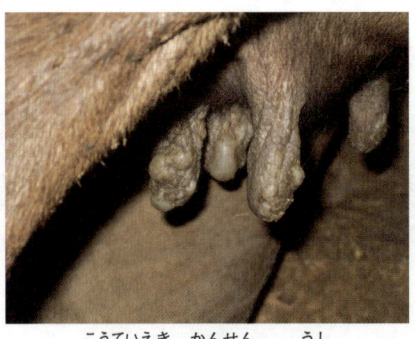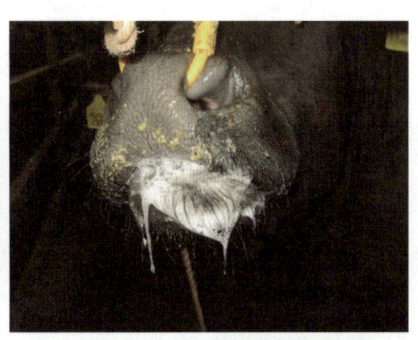

口蹄疫に感染した牛　　　　　　　　　　　　　　　　　　（写真提供：宮崎県）

❷ 飼養衛生管理基準

家畜の伝染病対策では、原因となる病原体を「持ち込まない、拡げない、持ち出さない」ことが大切です。

日本では、2010年以降、口蹄疫、豚熱（ＣＳＦ）、鳥インフルエンザが発生してから家畜の飼養衛生管理基準の見直しがありました。飼養衛生管理基準は、家畜を伝染病から守るために、家畜を飼養する関係者全員が徹底するルールです。

（1）飼養衛生管理マニュアル

飼養衛生管理基準に基づき、経営者（家畜の所有者）は「飼養衛生管理マニュアル」を作ることが定められています。農場で働く人間だけでなく、農場に出入りする人間など関係者全員がこのマニュアルを実践することが大事です。

（2）基本的な衛生対策

病原体を農場に侵入させないために、次の基本事項を必ず守ります。

①農場外で家畜を扱ったり、野生動物に触れたりしない。

やむを得ないときは、事前に経営者に報告する。自宅で体を洗い、服や靴を交換してから農場や施設に出勤する。

②外国から生肉、肉製品（ハム、ソーセージ、餃子など）を日本に持ち込んではいけない。直接持ち込むだけでなく、輸送でも禁止されている。

③アフリカ豚熱（ＡＳＦ）、口蹄疫などの発生地域に行かない。

やむを得ないときは、行き先や日程を事前に経営者に報告する。外国では畜産関係施設に行かない。日本に入国したら経営者に報告し、1週間は勤務する農場や家畜がいる場所に行かない。また、2か月間（豚は4か月間）は外国で使用した服や靴を農場に持ち込まない。

（3）衛生管理区域

衛生管理区域とは、病原体の侵入を防止するために、衛生的な管理が必要と

なる区域です。一般的には、畜舎やその周辺の施設（飼料タンク、倉庫、飼料保管庫、給餌舎、堆肥舎、死体保管庫など）を含む区域が衛生管理区域になります。区域は経営者が決めます。区域内で注意することは次のとおりです。

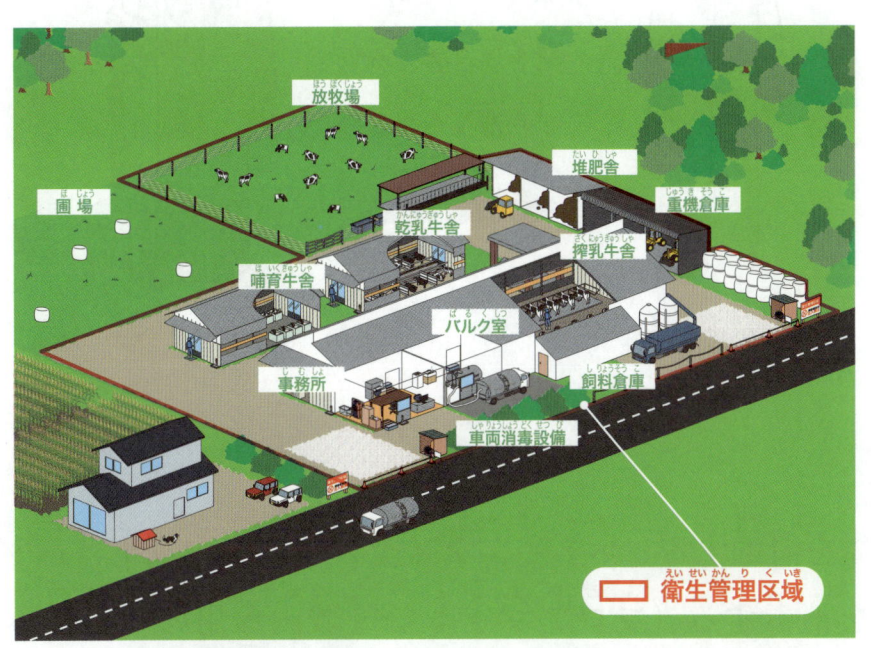

衛生管理区域の例（イラスト出典：飼養衛生管理基準ガイドブック）

① **区域内と区域外で境界線をはっきりさせる**

野性動物が侵入できないように、境界線をフェンスやネットで囲む。看板を表示し、農場外部の人に周知する。

区域内への出入りは出荷、診察、飼料の配達など必要最小限にする。

フェンスで囲まれた境界線

② **区域外から区域内へ入るときに注意すること**

（ⅰ）**人間**

• **区域外で行うこと**

区域外で着用した服や靴を脱ぎ、区域外専用のロッカーに置く。手指消毒を行う。

• **区域内で行うこと**

区域内専用の服や靴を区域内専用のロッカーから取り出して着用する。

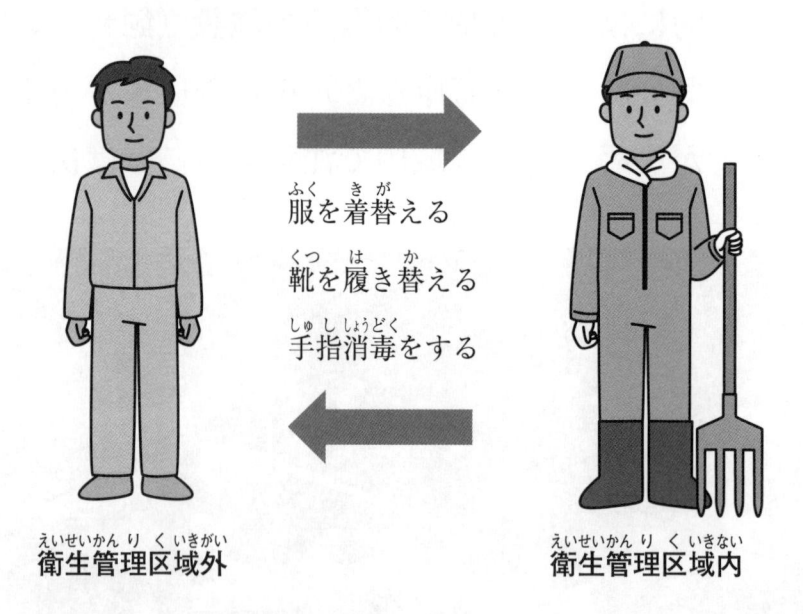

服を着替える
靴を履き替える
手指消毒をする

衛生管理区域外 　　　　　　　　　衛生管理区域内

（ⅱ）車両

- 車両全体を消毒する。ボディ、タイヤ、フロアマット、ペダル、ハンドルなどを消毒する（フロアマットは区域内専用の消毒済みマットを用意、または、使い捨てマットを使用する）。
- 車両の運転手は上記（ⅰ）参照。車両から降りないときも手指消毒を行う。区域内専用の靴に履き替える、または、オーバーシューズを着用する。
- 来場者の車両だけでなく、自分の農場の車両の消毒も大切である。とくに、農場外に出た車両が戻ってきたときは徹底する。また、同業者が出入りする場所に行くときは、細心の注意を払う。

（ⅲ）家畜

- 導入した家畜を消毒し、一定期間隔離された特定の場所で飼育する。よく観察してから区域内に入れる。

（ⅳ）物品

- 不要なものは持ち込まない。食べ物やスマートフォンも原則持ち込まない。資材や機材などを持ち込むときは消毒する。

③　**区域内から区域外へ出るときに注意すること**

（ⅰ）**人間**

- 区域内で行うこと
区域内専用の服や靴を脱ぎ、区域内専用のロッカーに置く。手指消毒を行う。

- 区域外で行うこと
区域外専用の服や靴を区域外専用のロッカーから取り出して着用する。

（ⅱ）**車両**

- 車両全体を消毒する。ボディ、タイヤ、フロアマット、ペダル、ハンドルなどを消毒する（区域内専用のマットや使い捨てのマットを区域外専用のものに替える）。

（ⅲ）**生産物・家畜**

- 生産物や家畜は消毒を徹底する。家畜の出荷時には、作業員や使用する機材も区域内と区域外で分ける。

（ⅳ）**物品**

- 資材や機材などを持ち出すときは消毒する。

④　**服や靴で注意すること**

　服や靴は、区域内専用と区域外専用に分ける。洗濯・洗浄・消毒はそれぞれの区域で別々に行う。

（4）その他の注意事項 専門級 ・ 上級

①　**衛生管理記録**

　衛生管理に関する記録は1年間保管します。主に記録する内容は次のとおりです。

- 衛生管理区域内に農場の従業員以外の人間や車両が入るとき、「氏名」「住所・所属」「日時」「当日の立寄先」「目的」「消毒の有無」
- 従業員が外国に行くとき、「国・地域」「滞在期間」
- 導入した家畜、出荷・移動した家畜、飼育している家畜
- 獣医師、家畜保健衛生所からの指導内容

② 飼養衛生管理者

飼養衛生管理者は、衛生管理区域ごとに決められた飼養衛生管理に関する責任者です。大規模経営では畜舎ごとに飼養衛生管理者をおきます。

③ 緊急連絡先の徹底

緊急時には、飼養衛生管理者にすぐに連絡が取れるようにします。

家畜伝染病（法定伝染病）が疑われる症状があれば、家畜保健衛生所に連絡します。

④ 埋却場所の確保

経営者は、埋却処理できる場所の確保をしなければなりません。

⑤ 適度な飼育密度の確保

過密状態で飼育することを避け、適度な飼育密度で飼育しましょう。

3 伝染病対策のポイント

（1）伝染病を持ち込まない

① 日本に持ち込まない

日本で発生していない伝染病は、外国から持ち込まないことが重要です。畜産関係者が日本から出国するときや日本に入国するときは、基本的な衛生対策を徹底します。毎日の野鳥などの監視や、日本に持ち込むことができない食品などを確認します。

② 農場（衛生管理区域）に持ち込まない

日本で発生している伝染病であっても、衛生管理区域内に入れないようにすることが大切です。区域内には、人間（従業員、関係者、そのほかの一般の人間・見学者）の出入りの際は消毒や着替えを徹底します。野生動物、野鳥の侵入を防ぎます。なお、衛生管理区域に通じる側構に防護柵を設置するなどの工夫が必要です。

③ 畜舎内に持ち込まない

畜舎は最後の砦です。衛生管理区域内に伝染病が侵入しても、畜舎の中まで侵入しないように、畜舎ごとに消毒や着替えを徹底します。また、壁や金網の点検・修理をしたり、ネットやフィルターを設置して、野外の動物が入らない

ようにします。飲み水や餌に野生動物の糞などが混ざらないようにします。

フィルター（開口部）

フィルター（入気口）

防護柵（側溝）

専門級・上級

○家畜を健康に保つ

　伝染病を持ち込まない努力をするとともに、伝染病にかかりにくい家畜を飼育することが重要です。飼育密度など飼育環境を改善することやワクチネーションを適切に行うことにより、体力があり免疫力の高い家畜を飼育します。ワクチンを接種することで避けられる伝染病は、予防接種を計画的に実施します。

（2）伝染病を拡げない

　家畜伝染病対策では、伝染病を拡げないことが大切です。感染したときは家畜を隔離する、場合によっては淘汰する必要があります。とくに、慢性伝染病対策では、伝染病に感染した家畜と、感染していない家畜を分けて飼育します。

（3）伝染病を持ち出さない

　感染した家畜を畜舎外に持ち出すことによって伝染病を拡げないようにすることが大切です。家畜伝染病（法定伝染病）対策では、埋却など最終処分ができる場所を確保しておく必要があります。

4 消毒

（1）消毒器・消毒槽・消毒帯の管理

　人間や車両を消毒するとき、次の設備を使用します。

① 車両用消毒ゲート

　車両が進入すると、センサーが働き、上下左右から薬液が噴霧され、車両の全体が消毒されます。消毒液の補充や噴霧機械の管理を日常的に行うことが必要です。

② 消毒用噴霧器

　車の周囲やタイヤ回り、車内のフロアマット（農場専用マットを用意している農場ではそのマットに交換）を念入りに消毒します。また、車内で病原菌がうつることを防ぐために、消毒薬をしみこませた布などで乗降ステップやペダル、ハンドルなども消毒します。

消毒ゲート

車両消毒

③ 車両用消毒槽

　消毒液の中を車両がゆっくりと通過し、主にタイヤを消毒します。消毒液の効果は時間がたつと低下するため、薬液の交換が週に2〜3回必要です。また、消毒液の中に泥や砂が混ざると消毒効果が低下するので、清掃も必要です。

④ 踏みこみ消毒槽

　消毒液を入れた容器に長靴を15〜30秒浸し、消毒を行います。消毒液の効果は時間の経過とともに低下するので、薬液を毎日、新しいものに交換します。とくに、汚れがひどい場合にはその都度、薬液を交換します。消毒薬は糞など

の汚れによって効果が薄れます。そのため、汚れを取り除いてから消毒することが大切です。

踏みこみ消毒槽

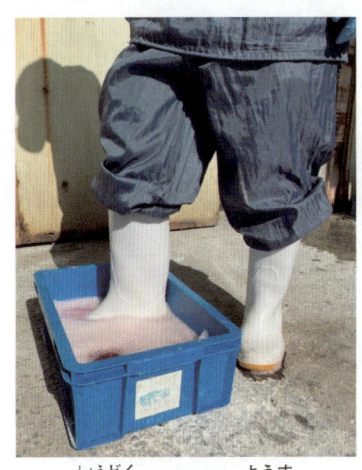

消毒している様子

⑤ 消石灰帯

　農場の出入り口に消石灰の散布による車両用の消毒ゾーンを設置し、車両による病原体の持ち込み・持ち出しを防ぎます。消石灰は強アルカリ性のため、散布するときは防護服やマスク、防護メガネ、ゴム手袋、長靴を着用します。

　消石灰は、定期的に、畜舎の周囲と農場の出入口に地面が白く覆われるように均一に散布します。

（2）消毒薬の使用上の注意事項

　消毒薬を使用する場合には、用法と用量を守ること、消毒薬は使用時に調製することが大切です。とくに、低温時には効果が下がるので注意します。そのほか、消毒薬（原液）は乾燥した暗所に保管すること、ほかの消毒薬や殺虫剤と混用しないこと、取り扱い時には衛生手袋とマスクを着用することを守らなければなりません。

　また、消毒時には防除衣を着用し、消毒液が体にかからないように注意します。もし、体に付着した場合には、水で体をよく洗浄します。

消毒薬の保管

防除衣は正しく着ましょう。

防除衣の正しい着用の仕方

　消毒液や消石灰の散布は、体に消毒液や消石灰がかからないよう、適切な服装で行います。

　帽子、長袖・長ズボンの防除衣、ゴム長靴、マスク、保護メガネ、ゴム手袋を着用します。軍手はぬれるので、使用してはいけません。

　防除衣の上着の袖は手袋の上にかぶせ、ズボンの裾は長靴の上にかぶせます。

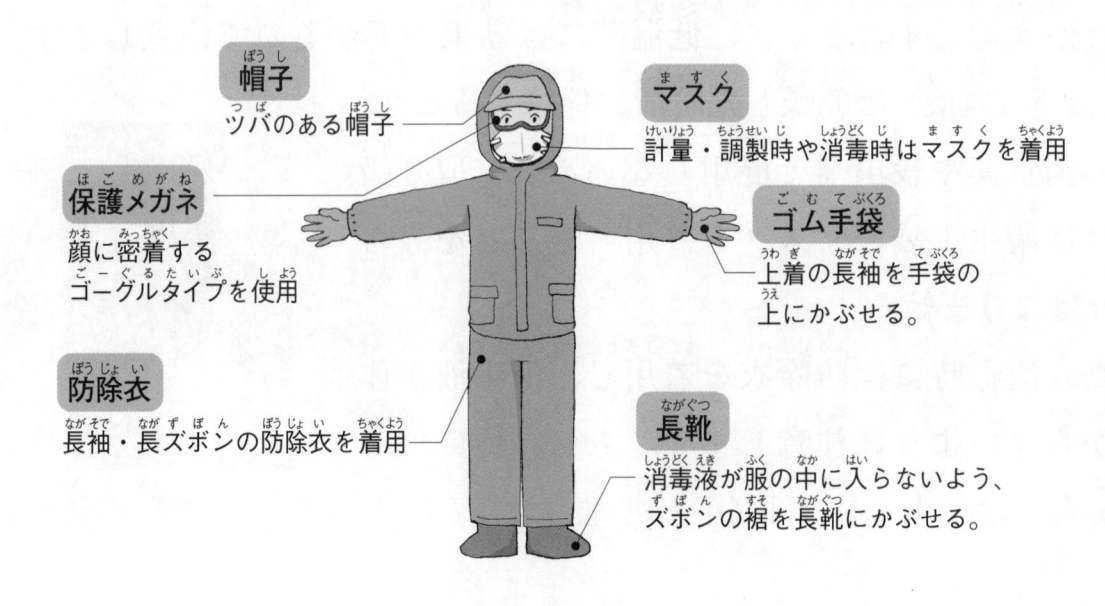

帽子
ツバのある帽子

マスク
計量・調製時や消毒時はマスクを着用

保護メガネ
顔に密着するゴーグルタイプを使用

ゴム手袋
上着の長袖を手袋の上にかぶせる。

防除衣
長袖・長ズボンの防除衣を着用

長靴
消毒液が服の中に入らないよう、ズボンの裾を長靴にかぶせる。

6 農場の安全管理

1 安全な農業機械の使い方

（1）作業前の準備

機械の操作方法は取り扱い説明書を読むなどして、事前によく理解します。
エンジンの始動の仕方、ブレーキの操作方法、エンジンの止め方を確認します。

（2）日常点検

日常点検は機械の能力を持続し、機械を長持ちさせ、農作業事故を防ぐことにつながります。

機械の運転前、運転中、運転後に、異常がないか点検します。

点検は、運転中の動作点検以外では、必ずエンジンを停止して行います。運転中の動作点検では、とくに、事故が起こらないように、十分注意が必要です。

（3）機械操作の注意点

① **機械共通**

・機械操作を一時的に中断するときは、必ずエンジンを止めます。

・機械のつまりを除去する作業でも、必ずエンジンを止めます。

② **刈払機（草刈機）** 専門級 ・ 上級

・安全確保のため、必ず保護具の着用をします。

・刈刃の左側、先端から1/3の部分を使用し、右から左への一方通行で刈り取ります。

ヘルメット
イヤーマフ or 耳栓
保護メガネ
防振手袋
すね当て
滑り止め付きの安全靴

・飛散物保護カバーを必ず正しい位置に取り付けます。

・複数で作業する場合は15m以上の間隔をあけます。

・安全に使うために、刈払機メーカーや建設機械の教習所で安全講習の受講をします。

③ 乗用トラクタ 専門級 ・ 上級

・路上を走る場合は、免許が必要です。

・作業後、トラクタに装着した作業機は、洗浄後に取り外すか、地面に降ろしておきます。

（4）無理のない作業計画

疲れると注意力がなくなり、事故が起こりやすくなります。疲れているときの機械作業は危険です。作業の合間には休憩をとります。

急いで作業しようとすると、注意力が足りなくなり、事故が起こりやすくなります。時間と気持ちにゆとりをもって作業します。

（5）安全な服装

機械やベルトに巻きこまれないよう、作業に適した服を着用します。長い髪の毛は束ねる、服から出た糸くずを処理するなどして、機械に巻き込まれないようにします。

ヘルメット
手袋
つなぎ服
安全靴

（6）作業後の片付け

機械の清掃・洗浄を行います。

機械の整備・修理を行います。

収納場所にきちんと片付けます。

軽油の場合、燃料タンクを満タンにしておきます。

使用記録簿に記録します。

② 電源、燃料油の扱い

（1）電源の扱い

　農業用の電源は交流100ボルトに加え、三相交流200ボルトが多く使われます。200ボルトの電源は乾燥機、モーター、暖房機などに使われます。

　配電盤や引き込み線を素手でさわると危険です。とくに、濡れた手で電気プラグを扱うと感電事故につながります。また、電気ヒーターなどの電熱器は適切に取り扱わないと火災の原因となることがあります。電源部分はほこりや汚れによる漏電（トラッキング現象）に気を付けます。

┃ 専門級・上級

○電源の差込口の違い、三相交流を理解しましょう。
○ボルトの違いを理解しましょう。

200ボルトと100ボルトのコンセントの形状

   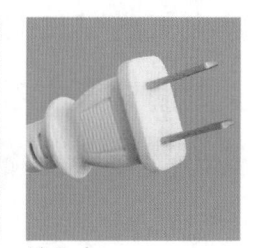

三相交流200ボルト　　　　　　　　　　　交流100ボルト

三相交流の注意点

・電圧が高いので取り扱いに注意します。また、極相を間違えるとモーターなどが逆回転するので注意が必要です。

（2）燃料油の種類

　農業機械の燃料油には、ガソリン、重油、軽油、灯油、混合油などがあります。機械によって、使う燃料油の種類が違います。

ガソリン	運搬機、非常用発電機など
軽油	トラクタ、ホイールローダーなど
ガソリンとオイルの混合油	草刈り機（2サイクルエンジン）
重油・灯油	温風暖房機など

（3）燃料油を扱うときの注意

・ガソリン、軽油など燃料油の種類を確認し、農業機械に合った燃料油を使います。機械に合わない燃料油の使用は、故障の原因になります。

・給油は必ずエンジンを止めて行います。

・給油前に、周囲に火気がないことを確認します。とくに、ガソリンは火がつきやすいので注意します。

・給油の際、燃料油がタンクからあふれないよう注意します。

（4）燃料の保管 専門級 ・ 上級

ガソリンや軽油を入れる容器は、法律で制限されています。

ガソリンは金属製容器で保管します。

ガソリンを灯油用ポリ容器（20ℓ）で保管することは禁止されています。

軽油は30ℓ以下ならプラスチック製容器で保管できます。

保管場所は火気厳禁にし、消火器を設置します。

燃料は、長期間保管すると変質します。機械の故障につながるので、使用してはいけません。機械を長く使用しないときは、ガソリンを抜いておきます。

燃料の保管できる種類と量は、自治体ごとに違うので確認が必要です。

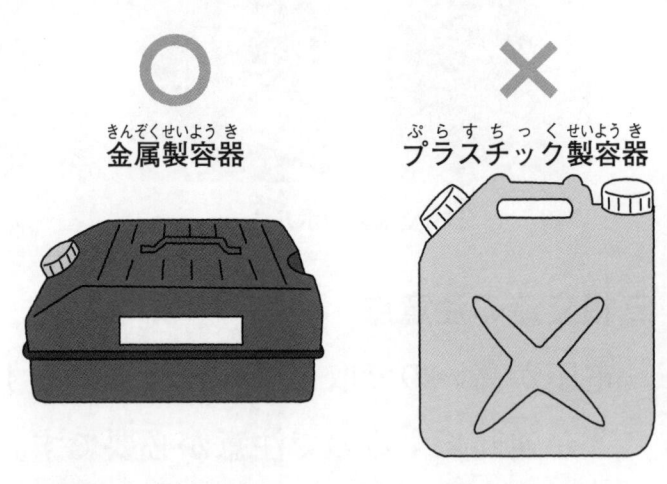

金属製容器　　プラスチック製容器

（注意点）圧力を抜いてからキャップを開ける

3 整理・整頓

道具は正しく扱い、保管にも注意します。整理・整頓して片づけるようにし、使用前の点検と使用後の手入れも行います。

以下の問題について、
正しい場合は○、間違っている場合は×で答えなさい。

1. 口蹄疫は、日本では発生したことがありません。 （　　　）

2. 衛生管理区域内で何か異常なことを見つけたら、
　　すぐに飼養衛生管理に関する責任者に知らせます。 （　　　）

3. 野鳥やネズミは、畜舎にいても問題はありません。 （　　　）

4. 日本に入国したら、1週間は勤務する農場や家畜がいる場所に
　　入ることができません。 （　　　）

5. 外国から生肉や肉製品を持ち込むことはできません。 （　　　）

6. 畜舎に入るときは、必ず作業着に着替えます。 （　　　）

7. 従業員が日本から出国するときは、事前に経営者に届出します。
　　　　　　　　　　　　　　　　　　　　　　　　　　 （　　　）

8. 獣医師や家畜衛生保健所からの指導内容は記録し、10年間保管します。
　　　　　　　　　　　　　　　　　　　　　　　　　　 （　　　）

9. 作業機械の燃料は全てガソリンです。 （　　　）

10. 三相交流200ボルトと交流100ボルトのコンセントは、同じ形状です。
　　　　　　　　　　　　　　　　　　　　　　　　　　 （　　　）

＝解答＝

1．× （2010年に日本国内で発生しています）

2．○

3．× （動物が侵入しないようにフェンスやネットで囲い、
　　　破損箇所は修理します）

4．○

5．○

6．○

7．○

8．× （獣医師や家畜衛生保健所からの指導内容は記録し、1年間保管します）

9．× （ガソリンとオイルの混合油や軽油があるので、
　　　機械に適した燃料を使用します）

10．× （三相交流200ボルトと交流100ボルトのコンセントは違う形状です）

餌……………………飼料のこと。

餌やり…………………飼料を家畜に給与すること。

選び喰い………………家畜が飼槽の飼料の中から好きなものだけを食べ、嫌いなものを残すこと。選択採食ともいう。

黄色ブドウ球菌………乳頭内で増殖すると治りにくい乳房炎の原因となる細菌。

乾乳……………………次の分娩予定の2〜3か月前になったら搾乳をやめること。

乾物……………………水分を含まない飼料のこと。1日に摂取する乾物の量(kg)を乾物摂取量という。

牛群検定………………農家の1頭当たりの乳牛の乳量、乳質、繁殖の状況などを毎月1回検査する制度。

食い止まり……………牛の飼料摂取量が急に低下する状態をいう。

クローズアップ期……乳牛の乾乳後期のこと。分娩直前の約3週間前の期間である。周産期ともいう。

空胎日数………………分娩後、受胎までの日数のこと。

口蹄疫…………………鼻、口の粘膜や蹄の皮膚に水疱ができる伝染力の強い急性伝染病で、口蹄疫ウイルスによってひきおこされる。

敷料……………………家畜に快適性を与え、同時に糞尿の堆肥化を促進するために使われる資材で、オガクズ、モミガラ、麦稈がよく用いられる。敷料を牛舎の外に出すことをボロ出しという。

初乳……………………分娩後の数日間に出る乳のこと。

人工授精………………妊娠を目的とし、精液を人為的に雌の生殖器に注入すること。

ストレス………………家畜が精神的な苦痛を与えられた状態のこと。

第4胃変位…………………	第4胃が正常な位置から左方や右方に位置を変えてしまう疾病で、採食量が低下し、乳量が減少する。
蹄葉炎…………………	牛の蹄が充血し激しい疼痛をともなう疾病で、運動障害をともなう。
発情…………………	雌が雄の交尾を許容する状態のこと。この発情のときに人工授精を行う。
反芻…………………	牛が第1胃（ルーメン）内の食塊を吐き出し、咀嚼（噛む）して再び飲み込む動作のこと。
ブツ…………………	乳房炎の牛の乳汁に含まれる大小さまざまな凝固物。
分娩…………………	子牛が生まれること。出産、お産ともいう。
分娩間隔………………	2産以上の牛の分娩日と、その前の分娩日との間隔をいう。
哺育…………………	分娩直後から離乳までの液状飼料を給与している時期のこと。
ボディコンディション …	皮下脂肪の蓄積状態を数値化したもので、家畜の肥り過ぎ、痩せ過ぎの判断の基礎として用いられる。この値が大きいほど脂肪蓄積が多い。
メガファーム…………	経産牛を100頭以上飼育し、牛乳を1年間に1,000 t以上生産する酪農経営のこと。
ＴＤＮ ………………	飼料の消化される養分の総量であり、この値が高い飼料はエネルギー含量が高い。
ＴＭＲ ………………	濃厚飼料・粗飼料・添加剤など牛に必要な材料全てを混合した飼料のこと。
ＷＣＳ ………………	飼料作物の茎葉と子実を一緒に細断してサイレージにしたもの。

写真一覧（乳牛の品種・蹄葉炎の症例・ボディコンディション他）

乳牛の品種

ホルスタイン種

写真提供：独立行政法人 家畜改良センター

ジャージー種

写真提供：独立行政法人 家畜改良センター

ブラウンスイス種

蹄葉炎の症例

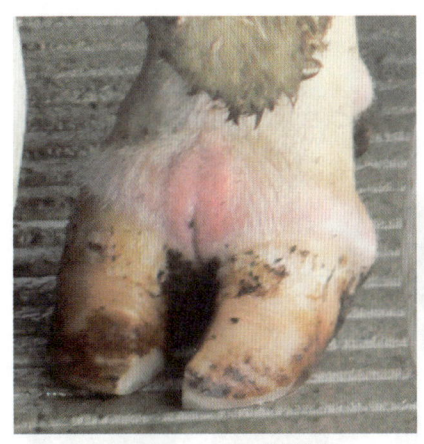 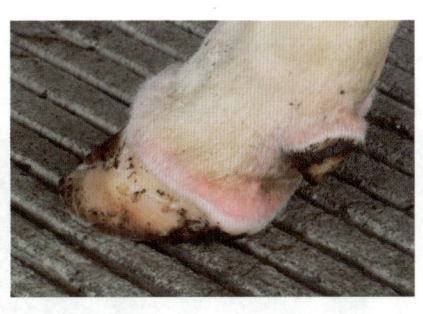 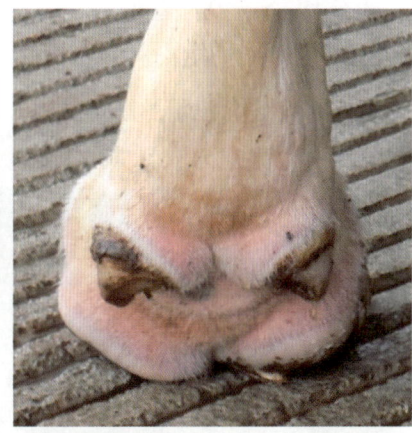

蹄葉炎による重度の皮膚の赤味と腫れ（蹄冠スコア5に相当）

写真提供：栃木県畜産酪農研究センター

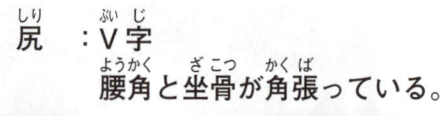

ボディコンディション

〈簡易ボディコンディションスコアの判定見本〉

簡易BCS＝2　削痩

全身：写真は極端な削痩と判定される。
活力がなく、腹が巻き上がり能力が期待できない。

尻：V字
腰角と坐骨が角張っている。

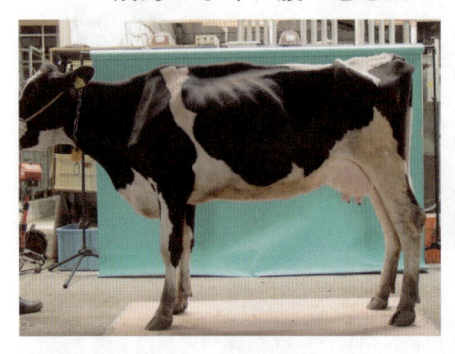
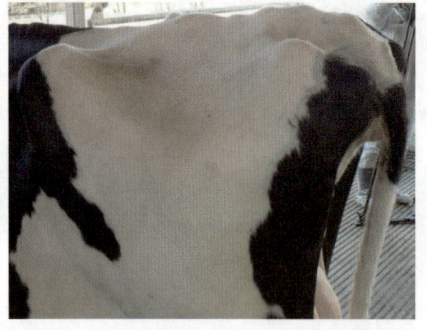
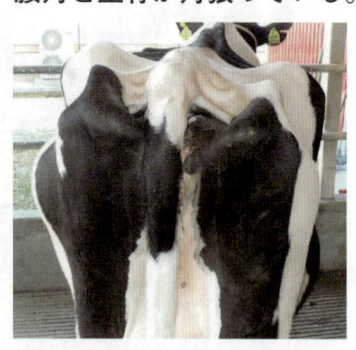

簡易BCS＝3　普通

全身：写真は少々脂肪蓄積があるが、普通と判定される
範囲である。
体各部が輪郭鮮明で、十分能力を発揮してくれる
と思われる。

尻：V字
腰角と坐骨は丸みを帯びている。

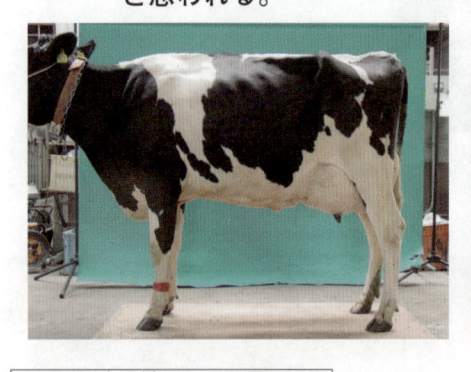
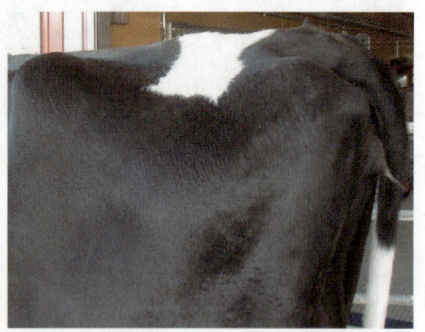
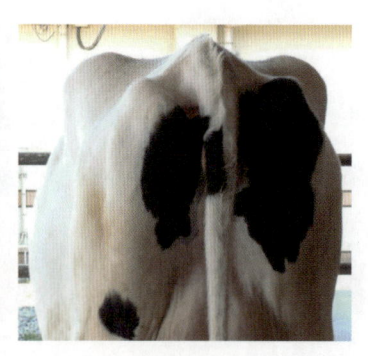

簡易BCS＝4　過肥

全身：写真は極端な過肥と判定される。
余分な皮下脂肪が沈着し、輪郭が極めて不鮮明。
分娩後のトラブルが懸念される。

尻：U字
腰角と坐骨は脂肪に隠れている。

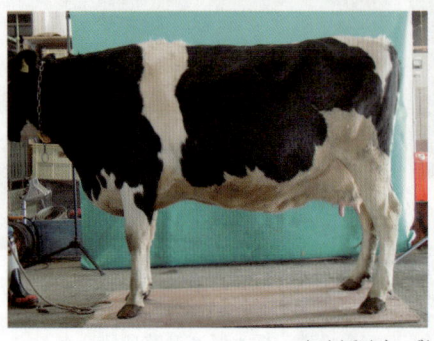
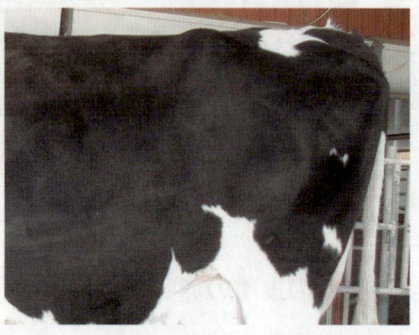
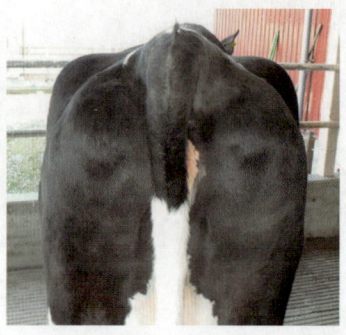

写真提供（全身3枚）：国立研究開発法人 農業・食品産業技術総合研究機構 西浦明子主任研究員
写真提供（尻6枚）：栃木県畜産酪農研究センター

飼料の種類

乾草

サイレージ

濃厚飼料

酪農の器具・施設

搾乳用器具

ストリップカップ

ディップカップ

ティートカップ

バルククーラ

飼料用施設

タワーサイロ

バンカーサイロ

配合飼料タンク